SCHRIFTENREIHE GERIATRIE PRAXIS

SCHRIFTENREIHE GERIATRIE PRAXIS

Das geriatrische Assessment

Umfassende medizinische und
soziale Beurteilung des älteren Menschen
unter besonderer Berücksichtigung
seiner funktionellen Fähigkeiten

Thorsten Nikolaus und
Norbert Specht-Leible

Geriatrisches Zentrum Bethanien
am Klinikum der Universität Heidelberg
(Ltd. Ärzte: Prof. Dr. G. Schlierf / Prof. Dr. P. Oster)

MMV Medizin Verlag · Vieweg

Die Deutsche Bibliothek – CIP-Einheitsaufnahme

Nikolaus, Thorsten:
Das geriatrische Assessment: umfassende medizinische und soziale Beurteilung des älteren Menschen unter besonderer Berücksichtigung seiner funktionellen Fähigkeiten / Thorsten Nikolaus und Norbert Specht-Leible. Geriatrisches Zentrum Bethanien am Klinikum der Universität Heidelberg. – München: MMV, Medizin-Verl.; Braunschweig; Wiesbaden: Vieweg, 1992
(Schriftenreihe Geriatrie-Praxis)
ISBN 978-3-528-07850-8   ISBN 978-3-322-83145-3 (eBook)
DOI 10.1007/978-3-322-83145-3
NE: Specht-Leible, Norbert:

Gesamtherstellung Graphischer Betrieb L. N. Schaffrath, Geldern

Titelbild: Paul Cézanne, Der Vater des Künstlers (1866)

ISBN 978-3-528-07850-8

Inhalt

Vorwort

Nicht so sehr Anzahl und Schweregrad verschiedener Krankheiten als vielmehr das Ausmaß beeinträchtigter Funktionen bestimmen vorrangig die Lebensqualität Betagter und Hochbetagter. Eine die übliche klinische Vorgehensweise ergänzende Diagnostik von Funktionen im multidimensionalen Kontext (physisch-psychisch-sozial) ist deshalb Grundlage einer adäquaten geriatrischen Medizin und Schlüssel zur Rehabilitation mit dem Ziel einer selbstbestimmten Bewältigung des Alltags. Mit dieser Zielsetzung definiert sich auch die Gruppe der Menschen, die besonders von einem geriatrischen Assessment profitieren wird.

Die Kollegen Dr. Nikolaus und Specht-Leible aus unserem Haus haben es unternommen, nicht nur eine praktikable und umfassende Darstellung des Assessments und seiner Instrumente zu erarbeiten, sondern auch erste Ergebnisse einer Umsetzung dieses Konzeptes vorzulegen. Nachdem zahlreiche Studien die Wirksamkeit des Assessments bezüglich einer Wiedergewinnung der Selbständigkeit und eine Herabsetzung der Mortalität Hochbetagter belegen, soll das vorliegende Buch dazu dienen, das geriatrische Assessment auf breiter Basis Eingang in die Praxis der geriatrischen Medizin finden zu lassen.

Heidelberg,
im Sommer 1992

Prof. Dr. Günter Schlierf
Prof. Dr. Peter Oster

Herrn Professor
Dr. med. Dr. med. h. c. mult. Gotthard Schettler
zum 75. Geburtstag gewidmet

1 Einleitung

Die verbesserten sozialen, ökonomischen und medizinischen Verhältnisse haben in unserem Jahrhundert zu einer Verdoppelung der Lebenserwartung geführt. Die rückläufige Sterblichkeit von Menschen mittleren und höheren Alters ließ die Bevölkerungsgruppe der über 65-jährigen überproportional anwachsen. Beträgt der Anteil dieser Altersgruppe gegenwärtig etwa 15%, wird er Trendprognosen zufolge im Jahre 2030 auf mehr als 25% ansteigen [8].

Der hohe Anteil Hochbetagter an unserer Bevölkerung stellt neue Anforderungen an das Gesundheitssystem, weil ein relativ großer Teil dieser Altersgruppe an chronischen Krankheiten und multiplen Behinderungen leidet. Bei Diagnostik und Therapie ist daher in weit stärkerem Ausmaß als beim jungen Menschen auf Funktionseinbußen durch die Erkrankungen zu achten. Funktionseinbußen schränken die Selbsthilfefähigkeit ein und bedrohen die Selbständigkeit. Darüber hinaus ist eine sinnvolle und erfolgversprechende Therapieplanung beim betagten Patienten nur unter Berücksichtigung der sozialen und ökonomischen Verhältnisse des Patienten durchführbar.

Der typische geriatrische Patient ist charakterisiert durch das Auftreten mehrerer Erkrankungen (Multimorbidität), die vielschichtig ineinandergreifen. Neben und durch Beeinträchtigungen körperlicher Funktionen, werden Störungen der Psyche hervorgerufen und durch Funktionseinbußen die Selbständigkeit bedroht [9]. Dabei sind sowohl die Anzahl an Erkrankungen als auch die Schwere der Krankheit nur lose mit der Funktion verknüpft. Es gibt Patienten mit einer Vielzahl von teilweise schweren Krankheiten ohne Funktionsverlust. Andererseits kann bereits eine einzelne Erkrankung im physischen, psychischen und sozialen Kontext zu erheblichen Funktionseinbußen führen.

Zur Beurteilung der Funktionsebene wurden eine Reihe von Tests und Befragungen entwickelt. Neben einer ausgiebigen Sozialanamnese und Befragung zur ökonomischen Situation des Patienten stellen diese Funktionsuntersuchungen den Kern des sog. geriatrischen Assessments dar. Die umfassende Befunderhebung dient der Aufdeckung von physischen, psychischen und sozialen Beeinträchtigungen und ermöglicht neben der Erfassung von klinisch relevanten Funktionseinbußen eine Abschätzung der Rehabilitationsfähigkeit des Patienten. Die Ergebnisse des Assessments lassen eine sinnvolle Therapieplanung zu und erlauben deren Verlaufskontrolle. Daneben ist das Assessment als Screening-Untersuchung sinnvoll zur Gewinnung epidemiologischer Daten und zur Untersützung bei sozialmedizinischen Bedarfsplanungen. Seine breite Anwendung im ambulanten Bereich ermöglicht eine frühzeitige Prävention von Krankheiten und Behinderungen (siehe *Tab. 1*).

Die Entwicklung des geriatrischen Assessments nahm in den dreißiger Jahren in Großbritannien seinen Anfang und ist eng mit den Namen Drs. *Marjory Warren*, Sir *Ferguson Anderson*, *Eric Brooke* und *Lionel Cosin*, der die erste geriatrische Tagesklinik einrichtete, verknüpft [2,7,10,11]. Ihnen fiel auf, daß unter den alten und gebrechlichen Menschen in Pflegeheimen und sog. Verwahranstalten nur wenige lebten, die jemals ärztlich untersucht worden waren. Sie fanden eine unerwartet hohe Zahl von Patienten mit therapierbaren Erkrankungen und großem Rehabilitationspotential. Unter Berücksichtigung psychologischer Umstände, des sozialen Umfeldes und der funktionellen Fähigkeiten der Heiminsassen konnten beeindruckende Therapieerfolge erzielt werden, einige Patienten besserten sich soweit, daß sie aus dem Heim entlassen werden konnten.

Die erfolgreiche multidimensionale Vorgehensweise dieser Pioniere geriatrischer Medizin trug wesentlich zur Weiterentwicklung der Altersmedizin in Großbritannien bei. Ab 1948 kam es zu zahlreichen Gründungen von geriatrischen Abteilungen in Akutkrankenhäusern, Tageskliniken und rehabilitativen Einrichtungen. Im ambulanten Bereich wurden geriatrisch ausgerichtete medizinisch/pflegerische und soziale Dienste eingerichtet

[1,3,5]. Teile dieser Versorgungsstruktur wurden in anderen Ländern übernommen, vor allem in den USA und in Skandinavien [4]. Im deutschsprachigen Raum ist die geriatrische Medizin und Versorgungsstruktur in der Schweiz am weitesten entwickelt [6].

Tabelle 1: **Möglichkeiten der Prävention durch das geriatrische Assessment.**

Krankheitsprävention

- Hyper- und Hypothyreose

  Laborscreening.
- Flüssigkeitsmangel und Malnutrition

  Laborscreening und klinisches Bild.
- Anämie

  Laborscreening.
- Knochenerkrankungen

  Laborscreening.
- Depression

  Diagnostik anhand entsprechender Tests.

  In der Anamnese auf mögl. exogene Ursachen achten.
- Iatrogene Krankheiten

  "Geriatrisches" Vorgehen bei Diagnostik und Therapie.
- Medikamentenabusus

  Sorgfältige Anamnese. Beschränkung der Medikamentenzahl

  und -dosis auf das unbedingt Notwendige.
- Seh- und Hörstörungen

  Visusprüfung und Tonaudiometrie.

Erhaltung der Funktion

- Stürze

  Umfangreiche medizinische Abklärung. Diagnostischer Hausbesuch.

- Inkontinenz

  Sorgfältige Anamnese und Fremdbefragung. Medizinische Abklärung. Eingehende Beratung, auch von betreuenden Angehörigen. Hilfsmittelversorgung (z.B. Nachtstuhl).

- Schwierigkeiten bei der Bewältigung der Hausarbeit

  Diagnostischer Hausbesuch. Haushaltstraining. Geeignete Veränderungen im Haushalt vornehmen (z.B. Tieferhängen von Küchenschränken). Verordnung von Hilfsmitteln, Essen auf Rädern, Einkaufs- und Putzhilfe.

- Obstipation

  Ernährungsberatung. Medikamentenanamnese.

- Schlaflosigkeit

  Medizinische Abklärung. Ausreichende körperliche Bewegung. Aufstellen von festen Zubettgehregeln. Medikamentenanamnese.

Erhaltung des sozialen Umfeldes

- Finanzielle Notlagen

  Befragung zur sozioökonomischen Situation. Aufklärung über Ansprüche, Hilfe bei Behörden, beim Stellen von Anträgen usw.

- Partner- und/oder Familienprobleme

  Eigen- und Fremdanamnese. Diagnostischer Hausbesuch. Angebot von Partner- bzw. Familientherapie. Pflegehilfe, Pflegeurlaub.

- Unzulängliche, nicht den Erfordernissen angepaßte Wohnsituation

   Diagnostischer Hausbesuch. Vorschläge zur Abhilfe (z.B Toilettensitzerhöhung, Einstieghilfe in die Badewanne, Beseitigung von Stolperfallen).

- Fehlende soziale Kontakte

   Sorgfältige Anamnese. Behandlung einer ev. bestehenden Depression.

   Information über Gemeindeaktivitäten (Seniorenclubs, Vorträge, Altennachmittage usw.), Nachbarschaftshilfe.

2 Rahmenbedingungen

2.1 Assessment-Team

Die Vielschichtigkeit der Erkrankungen und die daraus resultierenden Probleme machen eine Diagnostik, Beurteilung und Behandlung im interdisziplinären Team erforderlich. Die Zusammensetzung der Arbeitsgruppe hängt von den strukturellen Bedingungen, der Auswahl der Patienten und den Behandlungszielen ab. Typischerweise besteht das Kernteam aus einem Arzt, Krankenpfleger und Sozialarbeiter [21]. Es wird je nach Anforderung ergänzt durch Krankengymnasten, Ergotherapeuten, Logopäden, Psychologen, Seelsorger, Ernährungsberater.

Die Teammitglieder teilen sich die Untersuchungen im Rahmen des Assessmentprogramms entsprechend ihrer beruflichen Qualifikation auf. Die Ergebnisse werden in einer Besprechung diskutiert, das Behandlungsziel formuliert und die Behandlungsstrategie festgelegt. In regelmäßigen Teambesprechungen erfolgt ein Informationsaustausch unter den einzelnen Mitgliedern. Behandlungsfortschritte oder -rückschritte werden dokumentiert, die Behandlungsstrategie hinterfragt und ggf. verändert. Bei wiederholter Durchführung können einzelne Meßparameter des Assessments zur Objektivierung des Behandlungsverlaufs beitragen. In der Erfassung und Beurteilung komplexer Zusammenhänge und Krankheitsbilder ist die Einschätzung des erfahrenen Therapeuten dem Assessment jedoch weit überlegen. Kein noch so umfangreiches Assessment-Programm kann geriatrische Erfahrung ersetzen. Ein geschulter Therapeut vermag jedoch die Ergebnisse des Assessments richtig zu werten und in seine therapeutischen Überlegungen miteinzubeziehen.

Wichtig ist, daß die einzelnen Berufsgruppen in Grundzügen wichtige Behandlungsmethoden anderer Therapeuten kennen und anwenden können (z.B. Bobath-Prinzip bei der Schlaganfalltherapie). Nur so läßt sich eine befriedigende Behandlungskontinuität erreichen.

2.2 Klinische Struktur

Assessment und Behandlung in einer spezialisierten geriatrischen Abteilung (Geriatric evaluation and management unit).

Alte, gebrechliche Patienten werden von außerhalb, in der Regel durch den Hausarzt, in die geriatrische Abteilung eingewiesen oder innerhalb der Klinik von anderen Abteilungen dorthin verlegt. Die Auswahl erfolgt nach bestimmten Richtlinien, die je nach geriatrischer Abteilung variieren (*siehe auch 2.3*). Eine wichtige Voraussetzung für die Aufnahme ist die Rehabilitationsfähigkeit.

Mit dem Patienten wird während des stationären Aufenthaltes ein Assessment durchgeführt und darauf aufbauend die Therapie geplant. Die Behandlung selbst erfolgt durch das gleiche Team. Diagnostik und Therapie sind also in "einer" Hand. Der Informationsverlust ist gering, die Patienten müssen sich nicht auf ständig wechselnde Bezugspersonen einstellen.

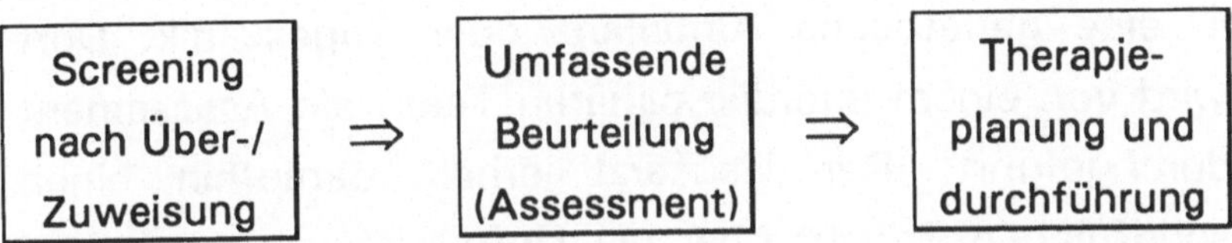

Bei den meisten Einrichtungen dieser Art ist die weiterführende ambulante Therapie nicht gut mit der stationären verknüpft, so daß ein Teil des Behandlungserfolges langfristig wieder verloren geht.

Geriatrisches Konsil im Allgemeinkrankenhaus (Inpatient consultation service).

Auf Anfrage durch die Stationsärzte oder andere Therapeuten führt ein interdisziplinäres Konsilteam ein Assessment bei betagten Patienten der jeweiligen Fachabteilung durch und unterbreitet Therapievorschläge.

Wie Untersuchungen in den USA [1,14] gezeigt haben, werden die Therapieempfehlungen in hohem Maße befolgt, allerdings hat das Konsil keinen Einfluß auf Entlassungsplanung und -ort sowie die Krankenhausaufenthaltsdauer.

Am meisten profitieren alte Patienten aus Pflegeheimen mit akuter Verwirrtheit, nach Stürzen, mit Inkontinenz und Polypharmazie vom geriatrischen Konsil im Allgemeinkrankenhaus [14].

Assessment in Klinikambulanzen oder Tageskliniken (Outpatient assessment service).

Der Hausarzt überweist den Patienten zur Diagnostik in eine geriatrische Ambulanz oder Tagesklinik. Dort wird von einem interdisziplinären Team ein Assessment durchgeführt. Der Hausarzt erhält daraufhin einen schriftlichen Bericht über die Untersuchungsergebnisse und Behandlungsvorschläge.

Obwohl in verschiedenen Untersuchungen bis zu 35% neue medizinische und soziale Probleme entdeckt wurden [10], konnte bisher kein Effekt auf den Gesundheitszustand der Patienten durch das ambulante Assessment nachgewiesen werden.

Häusliches Assessment (Home assessment service).

Patienten eines bestimmten Alters (in der Regel über 65 Jahre) werden zu Hause besucht. Eine geschulte Krankenschwester/-pfleger, ein Interviewer oder in seltenen Fällen ein interdisziplinäres Team ermitteln den medizinischen Bedarf und analysieren die soziale Situation der Patienten anhand eines standardisierten Anamnese- und Fragebogens. Falls erforderlich, werden entsprechende Hilfs- und Behandlungsmaßnahmen eingeleitet und koordiniert (Hausbesuche, Essen auf

Rädern, ambulante Dienste, Kontinenzhilfen, Hilfe bei Behördenanträgen etc.). Die Besuche werden in regelmäßigen Abständen (2 bis 4 mal pro Jahr) durchgeführt und dienen der Krankheitsprävention mit frühzeitiger Erfassung von sozialen und psychischen Problemen sowie körperlichen Gebrechen. Untersuchungen haben gezeigt, daß die Bevölkerungsgruppe der über 75-jährigen am meisten von diesen Hausbesuchen profitiert [12].

Eine praktikable Möglichkeit zur Krankheitsprävention besteht darin, daß alle in einer Gemeinde lebenden Senioren über 75 Jahre zumindest einmal jährlich von den Hausärzten aufgesucht werden und im Rahmen dieses Besuchs ein Assessment durchgeführt wird.

2.3 Patientenauswahl

Chronologisches Alter

Das einfachste Auswahlkriterium ist das Alter. Mit zunehmendem Alter steigt die Zahl an chronischen Erkrankungen und multiplen Behinderungen (siehe *Abb. 1*).

Die sogenannten alten Alten (älter als 75 Jahre) verursachen die prozentual höchsten Gesundheitskosten [31] und weisen die längste Krankenhausverweildauer auf [15]. Allerdings besteht bis ins hohe Alter eine erhebliche individuelle Schwankungsbreite hinsichtlich Gesundheit und Krankheit. Eine beträchtliche Zahl der Bevölkerung erreicht ein hohes Lebensalter bei gutem körperlichem und geistigem Befinden.

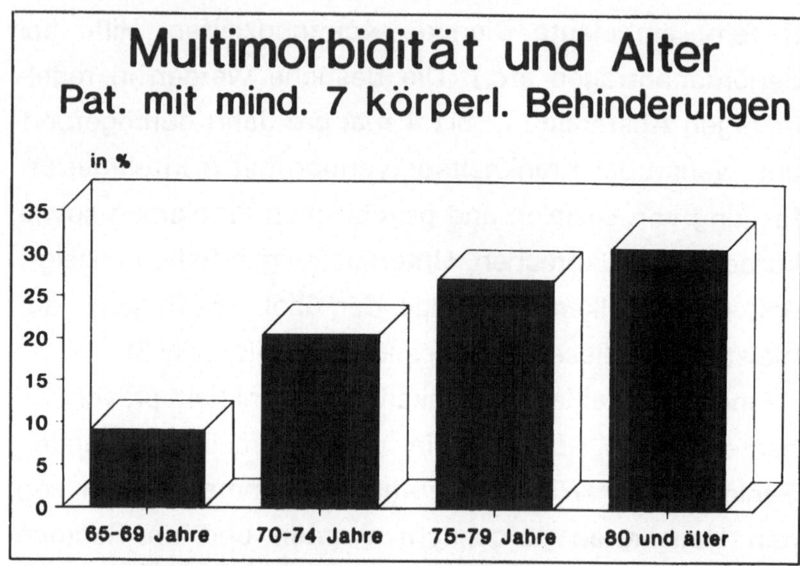

Abb. 1: Behinderungen in Abhängigkeit vom Alter. Welz et al. [29].

Dies erklärt, warum einige Studien, die das Alter (entweder älter als 65 oder älter als 75) als einziges Patientenmerkmal gewählt hatten, keine Effekte durch die Intervention nachweisen konnten [6,8,17,25]. So fanden *Becker et al.* [5], daß je ein Drittel der einzig über das Alter ausgewählten Patienten zu gut oder zu krank waren. *Teasdale* [25] fand keine Veränderung des Gesundheitszustandes, der Überlebensrate oder der Lebenssituation innerhalb eines Jahres nach Intervention verglichen mit einer Kontrollgruppe.

In drei europäischen Studien, die das chronologische Alter als einziges Einschlußkriterium ausgewählt hatten, fand sich jedoch eine Verkürzung der Krankenhausverweildauer und eine reduzierte Mortalität [12,26,27]. In einer australischen Untersuchung [20] zeigte sich eine verbesserte Patientenunterbringung und ein reduzierter Medikamentenverbrauch.

Die Mehrheit von Untersuchern hat jedoch das Alter nicht als einziges Patientenmerkmal gewählt, sondern mit den nachfolgenden verknüpft.

Funktionseinbußen

Funktionelle Beeinträchtigungen führen zu Schwierigkeiten bei der Bewältigung des Alltags (ADL) und erhöhen die Hilfsbedürftigkeit [19].

Applegate et al. [3] wählten für ihre Untersuchung die Patienten nach Alter, funktionellen Schädigungen und dem Risiko für eine Pflegeheimeinweisung aus. Sie fanden eine signifikant höhere Zahl von Entlassungen nach Hause, Verbesserung des funktionellen Status und einen Trend zu längerer Lebenserwartung in der Behandlungsgruppe.

Becker et al. [5] zeigten, daß Einschränkungen bei den Verrichtungen des täglichen Lebens besser mit der Rate an Pflegeheimeinweisungen oder Komplikationen während des Krankenhausaufenthaltes korrelierten als das Alter allein oder der mentale Status der Patienten. *Branch* und *Jette* [7] fanden ein zweifach erhöhtes Risiko für Pflegeheimeinweisungen unter Betagten, die Hilfe im Haushalt benötigten, verglichen mit völlig selbständigen alten Menschen. *Donaldson* [9] fand eine ansteigende Mortalität mit Zunahme des Alters, wenn diese Patienten Einschränkungen ihrer Aktivitäten des täglichen Lebens aufwiesen, nicht jedoch bei Patienten ohne Aktivitätsverlust.

Geriatrische Syndrome

In einigen Studien wurden bestimmte geriatrische Syndrome als Auswahlkriterium herangezogen. So schlossen *Hogan* und Mitarbeiter [14] Patienten mit Stürzen, Inkontinenz, Verwirrtheit und Polypharmazie in ihre Untersuchung ein. Die Patienten in der Behandlungsgruppe wiesen eine signifikant verbesserte Lebenserwartung auf. In der Untersuchung von *Burley et al.* [8] wurden Patienten mit Inkontinenz, Gangstörungen und Verwirrtheit eingeschlossen. In der Interventionsgruppe zeigte sich eine Verkürzung der Krankenhausaufenthaltsdauer und eine verbesserte Unterbringung der Patienten nach Entlassung.

Körperliche Erkrankungen

Eine weitere Möglichkeit der Patientenauswahl besteht darin, die Anzahl der Diagnosen als Einschlußkriterium heranzuziehen. Diese Vorgehensweise ist zwar einfach durchführbar, weist jedoch erhebliche Mängel auf. Die Anzahl der Diagnosen sagt nichts über die Selbsthilfefähigkeit aus, und viele chronische Erkrankungen bedürfen keiner Behandlung [28]. Andere Untersucher [16] versuchten, diesen Mangel zu umgehen, indem sie sich bei der Auswahl auf bestimmte akute oder chronische Krankheitsformen beschränkten, die z.B. die Motilität beeinträchtigten, oder sich auf multimorbide Patienten beschränkten, deren Erkrankungen sich wechselseitig beeinflußten. Nach diesen Richtlinien durchgeführte Untersuchungen zeigten eine deutliche Reduktion der Krankenhausliegezeit und eine bessere Unterbringung der so behandelten Patienten nach Krankenhausentlassung [4,8,24].

Soziales Umfeld

Einige Untersucher [4,6,17] zogen zur Patientenauswahl soziale Probleme wie alleinlebend, kürzlich verwitwet, niedriges Einkommen oder schlechter Gesundheitszustand der Pflegepersonen heran. Es konnte allerdings nur in einer Untersuchung [4], in der "niedriges Einkommen" und "alleinlebend" Einschlußkriterien waren, ein positiver Behandlungseffekt in Form niedrigerer Krankenhausaufenthaltsdauer gezeigt werden.

Manche Assessmentprogramme [6,8,14] benutzten auch kürzlich zurückliegende, wiederholte Krankenhausaufenthalte, Zuweisung von Alten- und Pflegeheimen, längere Krankenhausbehandlungsdauer als erwartet, sowie Inanspruchnahme ambulanter Hilfsdienste vor Krankenhauseinweisung als Merkmale zur Aufnahme in das Assessmentprogramm.

Ausschlußkriterien

Patienten, die offensichtlich nicht vom Assessmentprogramm profitieren können, werden in der Regel ausgeschlossen. Dies sind zum einen Patienten im Terminalstadium einer Erkrankung, die z.B. an einem Malignom oder einer therapierefraktären kardiopulmonalen Erkrankung leiden [4,7,22,30], schwer Demente [7,23,30], Patienten mit Intensivbetreuung [5,14] oder instabilem Zustand [7,23] sowie Patienten, die aus bestimmten Gründen unabänderlich ins Pflegeheim verlegt werden müssen [7].

Andererseits werden in vielen Studien Patienten ausgeschlossen, die in so guter körperlicher und geistiger Verfassung sind, z.B. Patienten mit selektiven operativen Eingriffen, Patienten ohne Bedarf an ambulanten Hilfen oder ohne funktionelle Beeinträchtigungen, sodaß sie kein spezielles Assessment-Programm benötigen [4,11,23,30].

2.4 Eigene Erfahrungen

Geriatrisches Assessment

In unserer Klinik wird seit April 1991 ein geriatrisches Assessment durchgeführt. Die Patienten werden nach folgenden Merkmalen ausgewählt:

1. Lebensalter über 65 Jahre.
2. Patient lebt bisher zu Hause und will auch dorthin zurück.
3. Der Patient ist gebrechlich und hat Schwierigkeiten, die alltäglich anfallenden Arbeiten im Haushalt zu erledigen.

4. Gefahr der Alten- bzw. Pflegeheimeinweisung aufgrund einer Akuterkrankung mit Verschlechterung des Allgemeinzustandes.

5. Der Patient erscheint nach Urteil des behandelnden Krankenhausteams rehabilitationsfähig.

Als Kontraindikationen gelten: Schwere Demenz sowie Endstadium einer Erkrankung.

Um diese Patienten herausfiltern zu können, wird ein Screening aller Patienten unseres Krankenhauses etwa zwei bis drei Tage nach Einweisung durchgeführt. Die Rate der für das Assessment infrage kommenden Patienten liegt im Bethanien-Krankenhaus bei etwa 15% der Gesamtaufnahmen. Das Durchschnittsalter beträgt etwa 80 Jahre, drei Viertel dieser Patienten sind weiblich. Der zeitliche und inhaltliche Ablauf des Assessments wird in *Kapitel 4* bzw. *5* beschrieben.

Nach erfolgter Diagnostik wird die Behandlung mit dem interdisziplinären Therapeutenteam auf Station abgesprochen und die Therapieziele festgelegt. In regelmäßigen Besprechungen erfolgt ein Informationsaustausch im Team. Die bisherigen Behandlungserfolge werden dokumentiert, die Behandlungsziele ggf. modifiziert.

Einige Assessmentprogramme sind an der unzureichenden ambulanten Weiterbetreuung und fehlender Behandlungskontinuität gescheitert. Die Gründe hierfür lagen zum einen an mangelhafter Entlassungsplanung und Information der ambulanten Dienste, zum anderen am unzureichend entwickelten ambulanten Versorgungsnetz, das eine qualifizierte Weiterbetreuung, z.B. Ergotherapie, Krankengymnastik nach Bobath-Konzept, nicht gewährleistete. Ein langfristiger Therapieerfolg läßt sich nur durch eine enge Vernetzung der stationären mit der ambulanten Betreuung und Schließung evtl. bestehender Versorgungslücken erreichen. Aus diesem Grunde haben wir das Modell der Übergangsbetreuung ins Leben gerufen.

Übergangsbetreuung

Eine Übergangsbetreuung erfolgt bei allen Patienten, bei denen im Assessment Schwierigkeiten bei der Wiedereingliederung ins häusliche Leben aufgedeckt wurden bzw. zu befürchten sind. Sie wird von einem Team durchgeführt, das aus folgenden Mitarbeitern besteht:

- 3 Krankenschwestern/Krankenpfleger
- 1 Sozialarbeiter
- 1 Ergotherapeutin
- 1 Krankengymnastin
- 1 Sekretärin

Bereits zu Beginn des stationären Aufenthaltes erfolgt die Kontaktaufnahme mit dem Patienten. Die Mitarbeiter stehen in engem Informationsaustausch mit dem Behandlungsteam auf Station, sind über die Genesungsfortschritte des Patienten orientiert und übernehmen selbst bestimmte Therapien (z.B. Anziehtraining, Haushaltstraining). Im Verlaufe des stationären Aufenthaltes wird von einem Teammitglied mit dem Patienten ein sog. diagnostischer Hausbesuch durchgeführt. Er dient dazu, abschätzen zu können, wie der Patient trotz evtl. neu aufgetretener Behinderung in seiner Wohnung zurechtkommt, unter Umständen Hilfsmittel zu verordnen oder Änderungen an der Wohnungseinrichtung vorzunehmen (z.B. Tieferhängen von Schränken bei Rollstuhlfahrern, Einstiegshilfen für die Badewanne, Toilettensitzerhöhung, Entfernung bestimmter Teppiche als Stolperfallen, bessere Treppenhausbeleuchtung). Mit dem interdisziplinären Team ist nach Entlassung des Patienten eine nahtlose Fortführung der Krankenhaustherapie möglich, die durch die Sozialstation oder andere ambulante Einrichtungen nicht gewährleistet werden kann, wie Anzieh- oder Haushaltstraining oder bestimmte Therapieformen, z.B. nach dem Bobath-Konzept.

Die kurzfristige Weiterbetreuung zu Hause ermöglicht eine Beobachtung der selbständigen Tabletteneinnahme, eine Kontrolle des Gewichtes, der Nahrungs- und Flüssigkeitszufuhr sowie eine Beurteilung, ob der Patient die ambulanten Hilfen akzeptiert und wahrnimmt. Eine Anleitung von pflegenden Angehörigen kann durch das Betreuungsteam zu Hause vorgenommen werden. Große Bedeutung hat die Übergangsbetreuung auch bei der Weiterleitung der Krankenhausinformation an die ambulanten Dienste. Spätestens vier Wochen nach Entlassung erfolgt eine endgültige Übergabe des

Patienten an diese Einrichtungen. Damit ist eine nahtlose Betreuung der Patienten, ein umfassender gegenseitiger Informationsaustausch und eine weitgehende Behandlungskontinuität gewährleistet.

Bisher konnten insgesamt 104 Patienten von unserem Konsilteam betreut werden. Bei 90 dieser Patienten gelang es, eine Entlassung nach Hause zu erreichen, 14 dieser Patienten mußten trotz unserer Bemühungen in ein Alten- bzw. Pflegeheim eingewiesen werden.

Geriatrisches Konsil

Ein anderes Aufgabenfeld stellt das geriatrische Konsil an der Medizinischen Universitätsklinik Heidelberg dar. Zwei Ärzte führen dort auf Anfrage der Stationsärzte ein kurzes Assessment durch. Dies beinhaltet neben der Anamnese und körperlichen Untersuchung den Mentaltest nach *Folstein*, den Motilitätstest nach *Tinetti*, den Depressionstest nach *Yesavage*, Befragung zur sozialen und ökonomischen Situation sowie Erfassung von ADL und IADL. Abgerundet wird die Untersuchung durch eine orientierende Hör- und Sehprüfung. Den Stationsärzten wird daraufhin ein Behandlungsvorschlag unterbreitet. Durch die Anbindung des Konsils an unser Krankenhaus mit der Möglichkeit der Patientenübernahme können oft auch dann konkrete Lösungen angeboten werden, wenn schwierige soziale Probleme oder langwierige Rehabilitationsmaßnahmen im Vordergrund stehen. Die Akzeptanz des geriatrischen Konsils ist deshalb auch bei den Stationsärzten der Universitätsklinik hoch.

Man kann nach ersten Erfahrungen davon ausgehen, daß etwa bei 15% der eingewiesenen Patienten über 75 Jahre ein geriatrisches Konsil angefordert wird.

3 Nutzen des geriatrischen Assessments

In zahlreichen deskriptiven Untersuchungen wurde über eine verbesserte Diagnostik und Therapie mit Steigerung der körperlichen und geistigen Leistungsfähigkeit bei alten, gebrechlichen Personen berichtet [6,9,23,24,27,30,40]. Erst in den letzten Jahren jedoch wurden auch randomisierte Studien zur Effektivität des geriatrischen Assessments durchgeführt.

Eine große Schwierigkeit beim Vergleich verschiedener Untersuchungen liegt in den oftmals nur unscharf definierten Patientengruppen, im unterschiedlichen Studienaufbau und den variablen Erfolgskriterien [12,15,21,42]. Ein Teil der Veröffentlichungen weist zudem nur eine geringe Fallzahl auf. Bei der folgenden Analyse liegt der Schwerpunkt der Auswertung deshalb auf den randomisierten Studien mit ausreichender Fallzahl, eindeutiger Beschreibung des Patientenkollektivs und vergleichbaren Fragestellungen.

Von insgesamt 16 Studien konnten nur vier [1,13,35,38] keine signifikanten Verbesserungen in mindesten einem der jeweils untersuchten Kriterien durch das Assessment feststellen. Aber auch in diesen vier Arbeiten zeigten sich tendenziell positive Auswirkungen in den Assessment-Behandlungsgruppen. Einer Übersichtsarbeit [26] ist die *Tabelle 2* entnommen, die einen Überblick über die Gesamtergebnisse der analysierten Untersuchungen gibt.

Im folgenden werden die Ergebnisse einzeln dargestellt und diskutiert.

Diagnostik

In einer Vielzahl deskriptiver Untersuchungen wird die Bedeutung des Assessment für eine verbesserte Diagnostik hervorgehoben [3,8,19,32,41]. Diese Ergebnisse konnten in mehreren randomisierten Studien bestätigt werden [1,14,17,31,37]. Die Anzahl der neu entdeckten Diagnosen reicht von einer bis zu mehr als vier pro Patient. Am häufigsten wurden durch die herkömmlichen Untersuchungsmethoden kognitive und emotionale Störungen, Visuseinschränkungen, Malnutrition und Harninkontinenz übersehen.

Patientenunterbringung

Die weitere Versorgung und Unterbringung von Patienten konnte durch das Assessment ebenfalls verbessert werden. *Williams* [40] berichtet, daß nur 38% der Patienten, die in ein Pflegeheim eingewiesen werden sollten, auch tatsächlich dort aufgenommen werden mußten. 23% konnten nach Hause zurück, 39% wurden in ein Altenheim entlassen. Zu ähnlichen Ergebnissen kommen neben weiteren deskriptiven Untersuchungen [8,10,35,41] auch mehrere kontrol-

Tabelle 2: Auswirkungen des Assessments.

Studie	Zahl- der Pat.	Diagnostik	Patienten- unter- bringung	Funktio - neller Status	Gemütszust. und mentale Funktion
Ass./Beh. Abt.					
Rubenstein [31]	123	+ (sign.)	+	+	+
Gilchrist [14]	222	+ (sign.)	ø	n.u.	n.u.
Lefton [22]	100	n.u.	+	+ (sign.)	n.u.
Popplewell [28]	100	n.u.	+	n.u.	n.u.
Applegate [4]	155	n.u.	+	+ (sign.)	n.u.
Teasdale [36]	124	n.u.	ø	+	n.u.
Geriatr. Konsil im Krankenhaus					
Hogan [17]	113	+	n.u.	n.u.	+ (sign.)
Kennie [20]	108	n.u.	+	+ (sign.)	n.u.
Allen, Becker, Mc Vey, Saltz [1,7,25,34]	185	+	+	ø	n.u.
Hogan [18]	132	n.u.	n.u.	+ (sign.)	n.u.
Gayton (13)	404	n.u.	ø	ø	ø
Assessment-Amb./ Tagesklinik					
Tulloch [37]	295	+	n.u.	+	n.u.
Epstein [11]	590	n.u.	n.u.	ø	+ (sign.)
Williams [39]	117	n.u.	n.u.	ø	ø
Häusliches Assessment					
Vetter [38]	1148	n.u.	n.u.	ø	+
Hendriksen [16]	572	n.u.	+	n.u.	n.u.

Legende: n.u. = nicht untersucht; ø = unverändert;

Alten-/ Pflegeheim-einweisung	Ambulante Dienste	Krankenhaus-verweildauer	Gesundheits-kosten	Medikamenten-verbrauch	Lebens-erwartung
Ass./Beh. Abt.					
- (sign.)	n.u.	- (sign.)	- (sign.)	ø	+ (sign.)
n.u.	n.u.	ø	ø	n.u.	ø
- (sign.)	n.u.	n.u.	n.u.	n.u.	n.u.
- (sign.)	+ (sign.)	n.u.	n.u.	- (sign.)	n.u.
- (sign.)	n.u.	ø	-	n.u.	+
ø	n.u.	+ (sign.)	n.u.	n.u.	ø
Geriatr. Konsil im Krankenhaus					
n.u.	n.u.	ø	n.u.	- (sign.)	+ (sign.)
- (sign.)	n.u.	- (sign.)	n.u.	n.u.	ø
ø	n.u.	ø	n.u.	n.u.	ø
-	n.u.	-	-	n.u.	+ (sign.)
n.u.	ø	ø	n.u.	n.u.	+
Assessment-Amb./ Tagesklinik					
n.u.	+ (sign.)	- (sign.)	n.u.	n.u.	n.u.
n.u.	n.u.	n.u.	n.u.	n.u.	ø
n.u.	ø	-	-	n.u.	ø
Häusliches Assessment					
n.u.	+	-	n.u.	n.u.	+ (sign.)
+ (sign.)	+	- (sign.)	-	n.u.	+

+ = verbessert bzw. erhöht; - = verschlechtert bzw. erniedrigt lierte Studien [4,16,20,22,28,31]. Einige Untersucher konnten allerdings keinen Einfluß des Assessments auf die Unterbringung feststellen [13,14,36] und in anderen Veröffentlichungen finden sich hierzu keine Angaben [11,17,18,37,38,39].

Pflegeheimaufenthalt

Eng verknüpft mit der besseren Diagnostik und Zuordnung von Patienten zeigt sich in vielen Studien [2,4,16,20,22,28,31] ein deutlicher Rückgang der Aufenthaltsdauer von Patienten in Pflegeheimen.

Krankenhausverweildauer

Widersprüchlich sind die Auswirkungen des Assessments auf die primäre Krankenhausliegedauer. Es wird über verlängerte [32,36] oder gleichgebliebene Liegezeiten [1,4,13,14,17] berichtet, andere Untersucher fanden eine verkürzte Aufenthaltsdauer [5,10,20].

Betrachtet man jedoch die Gesamtzeit von Klinikaufenthalten über ein Jahr hinweg, zeigen einige Studien mit primär verlängerter Krankenhausverweildauer dennoch eine signifikante Reduktion der Krankenhausliegezeit [16,20,31,37,39].

Ambulante Versorgung

Die verminderte Rehospitalisierungsrate kann zum Teil durch die vermehrte Inanspruchnahme ambulanter Dienste erklärt werden [16,17,37,38].

Medikamentenverbrauch

Ein weiterer wichtiger Punkt ist die Verordnung von Medikamenten. Obwohl durch das Assessment neue Krankheiten entdeckt werden, beschreiben mehrere Untersucher einen Rückgang der Medikamentenzahl und -menge durch besser den Bedürfnissen angepaßte Verordnung [3,17,28,32]. In anderen Studien kam es aufgrund neuentdeckter Erkrankungen zu keiner signifikanten Änderung des Medikamentenverbrauchs [18,31].

Wirtschaftlichkeit

Schwierig ist es, eine Kosten/Nutzen-Rechnung bei den einzelen Studien durchzuführen und die Ergebnisse miteinander zu vergleichen. Die Gesundheitssysteme der verschiedenen Länder weisen teilweise große Unterschiede auf, und die Patientengruppen sind ebenfalls nur bedingt vergleichbar. *Rubenstein* [31] fand in seiner Untersuchung geringere Gesundheitskosten aufgrund einer signifikanten Reduktion der Gesamtverweildauer in Kliniken sowie einer erniedrigten Rate an Pflegeheimeinweisungen. *Hendriksen* [16] berichtet über niedrigere Kosten aufgrund frühzeitiger Problemerfassung und Einleitung entsprechender Vorbeugemaßnahmen durch das Assessment. In der Untersuchung von *Williams* [39] konnten die Kosten durch eine Verminderung der Rehospitalisierungsrate gesenkt werden. Trotz einer verlängerten Lebenserwartung sanken bei einigen

Studien die Kosten für institutionalisierte Unterbringung, da die Betagten ihr Leben bei besserem gesundheitlichen Wohlbefinden verbrachten [4,18,31].

Funktioneller Status

Der funktionellen Ebene wird in der Assessmentuntersuchung große Bedeutung zugemessen. Viele deskriptive Studien berichten über eine Verbesserung des funktionellen Status von Patienten nach Evaluierung und Behandlung durch das Assessment-Team. Eine Unterscheidung zwischen spontaner Besserung und Besserung durch Assessmentdiagnostik und -behandlung ist jedoch nur durch kontrollierte Untersuchungen möglich. In mehreren randomisierten Studien [4,18,20,22,31,36,37] konnten die Ergebnisse der deskriptiven Untersuchungen jedoch eindeutig bestätigt werden.

Mentaler und emotionaler Status

Einige kontrollierte Untersuchungen fanden zudem Verbesserungen der kognitiven Leistungsfähigkeit und des emotionalen Status in der Interventionsgruppe [11,17,31,38].

Mortalität

Das bedeutsamste Ergebnis des geriatrischen Assessments, über das in verschiedenen Studien berichtet wird, ist die Verlängerung der Lebenserwartung. *Rubenstein* [31] beschreibt eine Reduktion der

Mortalität um 50% für Patienten einer Assessment/Behandlungsabteilung. Der Unterschied zwischen Interventions- und Kontrollgruppe war selbst nach zwei Jahren noch signifikant. *Applegate* [4] fand einen Trend zur geringeren Mortalität bei Patienten einer Assessment/Behandlungsabteilung, der Unterschied zur Kontrollgruppe war signifikant in der Untergruppe von Patienten mit niedrigem Risiko für eine Pflegeheimeinweisung. In der Untersuchung von *Reid* [29] lag die Mortalität der Assessmentgruppe um 21% niedriger.

Unter den Studien zum Nutzen des geriatrischen Assessments als Konsil im Allgemeinkrankenhaus zeigten zwei eine signifikant verbesserte sechs Monatsüberlebensrate [17,18], eine einen starken Trend in diese Richtung [13], zwei andere waren ohne statistische Unterschiede [20,34].

Bei den Assessment-Untersuchungen zu Hause konnte eine dänische Gruppe [16] eine Reduktion der Mortalität um 25% nachweisen. In einer anderen Untersuchung [38] zeigte sich ein ähnlicher Effekt unter der Stadt-, nicht aber unter der Landbevölkerung. Bei Assessment-Untersuchungen von ambulanten Patienten im Krankenhaus zeigte sich kein Effekt auf die Mortalität [11,39].

Auswirkungen der Intervention auf die Mortalität sind in einzelnen Studien statistisch oft nicht nachweisbar. Dies liegt an den teilweise geringen Fallzahlen mit statistisch niedriger Trennschärfe ([1] - Fehler 2.Art, d.h. wahre Effekte werden nicht entdeckt).

Insbesondere geringe bis moderate Unterschiede, die jedoch klinisch von großer Bedeutung sein können, werden nicht erkannt und führen möglicherweise zu negativen Schlußfolgerungen.

Rubenstein et al. [33] haben eine Metaanalyse der publizierten Daten aller kontrollierten Studien hinsichtlich der Auswirkungen des Assessment auf die Mortalität durchgeführt (siehe *Abb. 2*).

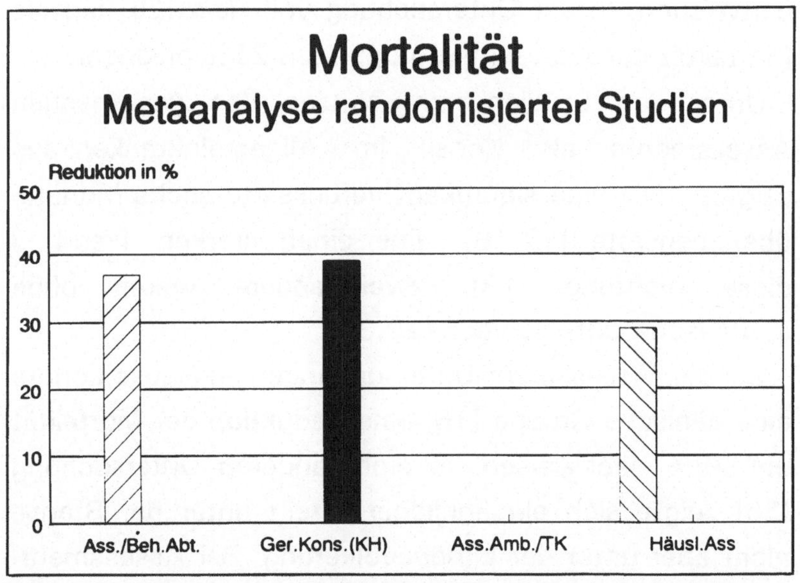

Abb. 2: Reduktion der Sterblichkeit durch Assessment.

Im einzelnen zeigte sich bei Behandlung in Assessmentabteilungen eine Reduktion der Mortalität von 37% (95%-Konfidenzintervall: 0.42-0.93, p=0.02), beim geriatrischen Konsil in den Allgemeinkrankenhäusern von 39% (95%-Konfidenzintervall: 0.46-0.81, p=0.0008). Bei den zu Hause durchgeführten Assessment-Untersuchungen sank in der Interventionsgruppe die Mortalität um 29% (95%-Konfidenzintervall: 0.55-0.90, p=0.005). Die gepoolten Daten der Assessment-Untersuchungen in Klinikambulanzen oder Tageskliniken zeigten keine signifikanten Veränderungen der Überlebensraten. Bei der Bewertung ist allerdings zu berücksichtigen, daß die Fallzahl und die statistische Trennschärfe aller Einzelstudien gering war und durch die Metaanalyse nicht beseitigt werden konnte.

Die bisher veröffentlichten Studien belegen den Nutzen des geriatrischen Assessments in beeindruckender Weise. In *Tabelle 3* sind die positiven Auswirkungen nochmals zusammengefaßt.

Tabelle 3: Nutzen des geriatrischen Assessments

- Verbesserte Diagnostik
- Besserung des funktionellen Status
- Besserung der mentalen Leistungsfähigkeit
- Besserung des Gemütszustandes
- Reduzierter Medikamentenverbrauch
- Verlängerung der Lebenserwartung
- Verminderte Alten-/Pflegeheimeinweisung
- Verminderte Rehospitalisierungsrate und Krankenhausverweildauer
- Bessere Nutzung der ambulanten Dienste
- Verminderte Gesundheitskosten

4 Struktur und Inhalte des geriatrischen Assessments

Jede diagnostische Maßnahme verlangt gerade in der Geriatrie eine klare Indikation und mögliche therapeutische Konsequenzen. Das geriatrische Assessment ist zeitintensiv und fordert von den Patienten viel Geduld. Für manche älteren Menschen kann es sehr belastend sein. In diesen Fällen sollte das geriatrische Assessment nicht an einem einzigen Tag durchgeführt werden, sondern verteilt über mehrere Tage.

Ein genaues Bild der Gesamtsituation des älteren Patienten erhält man nur, wenn physische, psychische und soziale Gesundheit, ökonomischer Status und Selbsthilfefähigkeit beachtet werden. Das geriatrische Assessment soll alle Dimensionen der Gesundheit des alten Menschen erfassen, um funktionale Defizite auf allen Ebenen erkennen zu können. Die Durchführung eines geriatrischen Assessments erfordert daher den Einsatz multidimensionaler Instrumente.

Das geriatrische Assessment gliedert sich in folgende Teile:

- strukturierte Anamnese und körperliche Untersuchung

- Funktionstests und Befragungen
- Zusatzuntersuchungen

Um die mit verschiedenen Assessment-Instrumenten erhobenen Daten vergleichen zu können, ist es empfehlenswert, häufig benutzte und allgemein anerkannte Tests mit guter Reliabilität und Validität einzusetzen.

4.1 Strukturierte Anamnese und körperliche Untersuchung

Physische Gesundheit

Bei multimorbiden geriatrischen Patienten kommt Polypharmazie sehr häufig vor. Die genaue Erhebung der Medikamentenanamnese ist deshalb sehr wichtig. Eine nicht korrekte Verordnung oder Einnahme von Medikamenten kann erhebliche gesundheitliche Störungen zur Folge haben und ist oft Ursache einer Hospitalisierung.

Auf der Ebene der physischen Gesundheit muß im Rahmen der internistischen Anamnese gezielt nach Stürzen, Inkontinenz und Immobilität gefragt werden.

Gerade Harninkontinenz wird häufig nicht diagnostiziert, da sie nicht direkt erfragt und vom Patienten aus oft verschwiegen wird. Sie kommt aber bei bis zu 30% der ambulant behandelten älteren Menschen vor [15] und bringt immense Belastungen für die Betroffenen und ihre Pflegepersonen mit sich.

Zunehmende Immobilität führt zu wachsender Hilfsbedürftigkeit. Dies hat oft den Zusammenbruch des häuslichen Versorgungssystems zur Folge.

Wichtig ist bei geriatrischen Patienten auch die Erhebung einer genauen Ernährungsanamnese, da Malnutrition bei älteren Menschen ein häufig bestehendes Problem ist.

Psychische Gesundheit

Akute Verwirrtheit tritt bei geriatrischen Patienten im Rahmen vieler akuter Erkrankungen auf. Diese ist potentiell reversibel und muß von Verwirrtheitszuständen bei Demenz unterschieden werden. Die hohe Prävalenz der Demenz und der Depression bei älteren Menschen muß beachtet werden. Das Ausmaß und der zeitliche Verlauf eines Abbaus kognitiver Fähigkeiten ist festzuhalten.

Die Differentialdiagnose zwischen Demenz und Depression kann schwierig sein, da sich Depression im Alter weniger in somatischen Symptomen manifestiert, sondern eher in Störungen der Stimmung, des Antriebs und der kognitiven Fähigkeiten.

Selbsthilfefähigkeit

Der Verlust an Selbsthilfefähigkeit des geriatrischen Patienten ergibt sich aus seinen krankheitsbedingten Funktionseinbußen sowie seinem kognitiven und emotionalen Zustand.

Ein Teil der multimorbiden Patienten hat keine wesentliche Behinderung. Andererseits kann bereits eine einzelne Erkrankung (z.B. Schlaganfall) erhebliche Funktionseinbußen mit sich bringen.

Weit mehr als die bestehenden Erkrankungen sind jedoch die Funktionseinbußen der limitierende Faktor bei der Wiedereingliederung eines Patienten in seinen häuslichen Bereich.

Soziale Gesundheit und ökonomischer Status

Nicht zuletzt die soziale und ökonomische Situation entscheidet darüber, was ein krankheitsbedingter Funktionsverlust für den alten Menschen bedeutet.

Ein Patient nach einem Schlaganfall, der aufgrund einer Hemiparese immobil geworden ist, kann bei einem guten sozialen Netz sein weiteres Leben zuhause im Kreis der Familie oder anderer Pflegepersonen führen. Er wird auch arbeiten können, wenn er jemanden hat, der ihn ankleiden und transportieren kann. Einem anderen Patienten mit derselben Behinderung, aber fehlender sozialer Absicherung, wird das Pflegeheim drohen.

Auch hat für einen zeitlebens körperlich arbeitenden Menschen eine Immobilität individuell eine ganz andere Bedeutung als für einen intellektuell tätigen Menschen.

Ältere Menschen, die sozial gut integriert sind, erholen sich im Krankheitsfall besser und haben eine längere Lebenserwartung. Soziale Isolation ist ein Risikofaktor hinsichtlich Morbidität und Mortalität [6].

Soziale Beziehungen. Bei der Beurteilung sozialer Beziehungen müssen die Bezugspersonen des Patienten erfaßt werden, und zwar ihre Anzahl, die Häufigkeit ihrer Kontakte mit dem Patienten sowie das Ausmaß ihrer Verfügbarkeit für den Patienten [35]. Ebenso wichtig ist, ob der Patient mit der Qualität dieser Beziehungen subjektiv zufrieden ist. Es gibt sicher Menschen, die durch den gelegentlichen Kontakt mit einer für sie wichtigen Person glücklicher sind als andere, die ständig mehrere Personen zu ihrer freien Verfügung haben. Auch kann ein Versorgungssystem auf der Basis einer emotional guten Beziehung zu einer Person genauso funktionsfähig sein wie ein anderes, das auf zahlreichen, jedoch schlechter motivierten Unterstützern basiert.

In jedem Fall sollte beachtet werden, ob und wie sich das Netzwerk der sozialen Beziehungen in letzter Zeit verändert hat. Hier ist besonders von Bedeutung, ob es in letzter Zeit zum Verlust einer wichtigen Bezugsperson gekommen ist. Der Verlust einer Bezugsperson kann ein gravierender Einschnitt im Leben eines älteren Menschen sein und ist mit einer schlechten Prognose verknüpft. Dies betrifft vor allem ältere Männer, deren Frau in jüngster Zeit verstorben ist.

Soziale Aktivitäten. Beruf, Hobbies und Interessen des älteren Menschen haben einen großen Einfluß auf seine sozialen Aktivitäten. Ein wichtiger Punkt ist die Zugehörigkeit zu Vereinen oder Interessengruppen, die im allgemeinen regelmäßige soziale Aktivitäten außerhalb des häuslichen Bereichs mit sich bringt. Die Qualität der Aktivitäten ist ebenso wichtig wie ihre subjektive Einschätzung durch das Individuum.

Eine wichtige Frage ist auch, ob der ältere Mensch immer noch neue Aktivitäten plant und realisiert, oder ob in letzter Zeit Aktivitäten und Interessen aufgegeben wurden.

Soziales Umfeld. Wichtig ist eine möglichst genaue Erfassung der Wohnsituation, da hier einzelne Punkte im weiteren Verlauf einer Erkrankung von entscheidender Bedeutung sein können. Die Anzahl der Treppen muß erfaßt werden, die bewältigt werden müssen, um in die Wohnung zu gelangen beziehungsweise diese zu verlassen. Es sollte erfragt werden, ob eine Wohnung rollstuhlgeeignet ist, hier sind beispielsweise sehr beengte Verhältnisse oder Türschwellen hinderlich. Ein Lift im Haus könnte hilfreich sein. Es sollte festgestellt werden, ob die häuslichen Verhältnisse bequem oder sehr widrig für den alten Menschen sind. Dies betrifft vor allem Art und Zustand der Heizung, der Beleuchtung, der Versorgung mit warmem Wasser sowie den Zustand der sanitären Anlagen. Nicht selten liegt die Toilette immer noch außerhalb der Wohnung.

Ebenso muß die unmittelbare Umgebung der Wohnung erfaßt werden. Hier spielt der Charakter des Wohnviertels eine Rolle, der die Lebensqualität beeinflussen kann. Wichtig ist, daß Einkaufsmöglichkeiten, Sparkasse und Haltestellen von Verkehrsmitteln gut erreichbar sind. Entscheidend ist, daß das Individuum subjektiv mit seiner Wohnsituation zufrieden ist und sich gut integriert fühlt. Dies hängt nicht zuletzt davon ab, wie lange der Betreffende schon in seiner Umgebung heimisch ist.

Die Wohnsituation ist auch Ausdruck der finanziellen Situation, diese wiederum ist meist vom früheren Beruf abhängig. Der Einfluß des sozialen Status auf medizinische Behandlung und Prognose liegt auf der Hand. Erfahrungsgemäß ist es jedoch schwierig, gerade zur finanziellen Situation adäquat Auskunft zu erhalten.

Soziale Unterstützung. Es muß differenziert werden zwischen der Unterstützung, die der Betroffene aktuell schon erfährt, und der Hilfe, die im Bedarfsfall zur Verfügung stünde. Die im Bedarfsfall tatsächlich geleistete Unterstützung bleibt meist hinter den Erwartungen der älteren Menschen zurück.

Die verfügbaren privaten Hilfspersonen müssen ebenso erfragt und notiert werden wie die sozialen Hilfsdienste, die in die Versorgung des alten Menschen integriert werden können.

Probleme beim Assessment sozialer Funktionen. Die Relevanz der hier aufgelisteten Punkte für die Dimension der sozialen Gesundheit ist offensichtlich und ihre möglichst umfassende Erhebung unumgänglich. Auch der Einfluß der sozialen Gesundheit auf die

Gesamtsituation des älteren Menschen wurde dargestellt.

Problematisch ist die Bewertung, da in jedem Einzelfall
bestimmte Punkte subjektiv eine besondere Bedeutung
haben können. Wer also zur Beurteilung der sozialen
Dimension der Gesundheit eine leicht handhabbare
Punkteskala erwartet, wird enttäuscht sein. Soziale
Beziehungen und Aktivitäten, das Potential sozialer
Unterstützung oder die Lebensqualität an sich lassen
sich nicht messen wie Körpergewicht oder Blutdruck.
Dennoch ist es notwendig, die relevanten Informationen
systematisch zu erfassen.

Validierte Fragebögen zur Erhebung der sozialen und
ökonomischen Situation existieren im deutschsprachigen Raum jedoch nicht.

Körperliche Untersuchung

Die gründliche körperliche Untersuchung schließt sich
an die Anamnese an und ist die Basis jeder Diagnostik.

Der Flüssigkeits- und Ernährungszustand sollte
besonders beachtet werden, weil Exsikkose und Malnutrition bei älteren Patienten häufig vorkommen.

Allein durch eine sorgfältige Anamnese und körperliche Untersuchung kann ein großer Teil der bestehenden medizinischen Probleme erkannt werden.

4.2 Funktionstests und Befragungen

Methodische Probleme beim Umgang mit Funktionstests

Validität und Reliabilität. Um Ergebnisse vergleichen zu können, muß ein Meßinstrument die getestete Funktion zuverlässig und valide messen. Zwei unabhängige Untersucher müssen zum selben Ergebnis kommen (interrater reliability) und wiederholte Untersuchungen desselben Patienten das gleiche Ergebnis bringen (test-retest reliability). Ein Test muß auch bei Patientengruppen aus verschiedenen sozioökonomischen Verhältnissen gleich zuverlässig sein.

Ein Test, der einen Verlauf dokumentieren soll, muß klinisch wichtige Veränderungen im Zustand des Patienten erfassen. Je gröber das Design eines Tests ist, umso höher ist die Wahrscheinlichkeit, daß eventuell wichtige diskrete Veränderungen im Zustand des Patienten mit diesem Test nicht erfaßt werden [1].

Problematik von Summenscores. Bei vielen Tests werden die Punktzahlen einzelner Testabschnitte zu einer Gesamtsumme addiert. Solche Gesamtergebnisse können für die Beschreibung der Gesamtfunktion sinnvoll sein, sie können aber auch ebensoviel an Information verbergen wie sie offenbaren. Eine Veränderung in ein oder zwei Variablen kann für den einzelnen Patienten eine Verbesserung entscheidender Funktionen bedeuten, wird sich aber im Gesamtergebnis möglicherweise kaum oder gar nicht niederschlagen.

Mögliche Fehlerquellen. Bei den Funktionstests beurteilt ein Untersucher eine von einem anderen Menschen erbrachte Leistung. Die Ergebnisse der Funktionstests werden deshalb durch alle möglichen zwischenmenschlichen Interaktionen beeinflußt [19]. Beispielhaft seien hier Kooperation und Motivation genannt.

Tests, mit denen bestimmte Fähigkeiten im Rahmen einer Befragung beurteilt werden, können vom Patienten selbst eigenverantwortlich durchgeführt werden (self-report). Die Beurteilung kann auch auf Aussagen von Angehörigen oder Pflegenden basieren (proxy-report), oder ein professioneller Untersucher bewertet den Untersuchten aufgrund seiner Beobachtungen. Die Selbstbewertung durch den Patienten ist weniger aufwendig, bei kognitiv eingeschränkten Patienten jedoch auch wenig verläßlich. Bei der Bewertung durch den Untersucher fließen Fehler durch falsche Interview- oder Beobachtungstechnik ein. Es besteht auch die Gefahr, daß subjektive Bewertungskriterien angewandt werden. Möglicherweise wird nicht nur die gegenwärtige Funktion des Patienten bewertet, sondern auch noch das Potential, welches der Patient für die Zukunft zu haben scheint.

Rubenstein et al. [68] nahmen die Beurteilung der Krankenschwestern als goldenen Standard und fanden, daß die Patienten selbst ihre Fähigkeiten eher zu hoch einschätzten, während Familienangehörige die Fähigkeiten des Patienten eher zu gering einschätzten.

Selbsthilfefähigkeit

ADL-Index. Mit Tests zur Erfassung der Selbsthilfefähigkeit wird die Unabhängigkeit oder Hilfsbedürftigkeit bei den "activities of daily living" (ADL), also den Aktivitäten des täglichen Lebens, überprüft. "Activities of daily living" sind Essen, Waschen und Baden, Harn- und Stuhlkontinenz, Toilettenbenutzung, Transfer, Ankleiden, Laufen und Treppensteigen. Die Unabhängigkeit bei diesen Verrichtungen ist die Grundlage für Autonomie in der Gestaltung des Alltags.

Der Barthel-Index [45] wurde 1965 eingeführt und war ursprünglich zur Beurteilung des funktionalen Status von Patienten mit neuromuskulären und muskuloskeletalen Störungen in einem Hospital für chronisch Kranke im US-Bundesstaat Maryland entwickelt worden. Die einzelnen ADL-Funktionen werden bewertet. Für jede Funktion, die völlig selbständig geleistet werden kann, erhält der Patient die maximale Punktzahl. Wird leichte Hilfe oder Supervision benötigt, so wird nicht mehr die volle Punktzahl gegeben. Kein Punkt wird gegeben, wenn die geforderte Leistung überhaupt nicht selbständig erbracht werden kann. Maximal erreichbar sind 100 Punkte, das individuelle Ergebnis wird als Quotient von 100 angegeben. 100 Punkte zeigen einen bei den Aktivitäten des täglichen Lebens unabhängigen Menschen, 0 Punkte bedeuten eine völlige Abhängigkeit in allen ADL-Funktionen (siehe *Abb. 3*, S. 85). Die Bewertung erfolgt durch den Interviewer und basiert auf Beobachtung oder Einschätzung. Manchmal ist auch die Befragung von Pflegepersonen notwendig.

Ein Vorteil ist, daß der Test in wenigen Minuten durchgeführt werden kann. Nachteil ist, daß bei dem relativ grob strukturierten Test diskrete, möglicherweise jedoch bedeutende Veränderungen im Zustand des Patienten im Gesamtergebnis nicht zum Ausdruck kommen. Sowieso ist die Gesamtpunktzahl weniger bedeutend als die Ergebnisse bei den einzelnen ADL-Funktionen, da diese die individuellen Defizite anzeigen. Auch die Veränderung von Einzelwerten ist wichtiger als die Veränderung der Gesamtpunktzahl. Die Zurückerlangung der Kontinenz kann für den Einzelnen von entscheidender Bedeutung sein, wird sich aber im Gesamtergebnis eventuell kaum bemerkbar machen. Es ist auch zu berücksichtigen, daß gleiche Punktzahlen für verschiedene Patienten ganz unterschiedliche Auswirkungen haben können. Ein Patient mit einer guten sozialen Unterstützung kann seine Einschränkung besser kompensieren als ein anderer Patient mit der gleichen Punktzahl ohne Unterstützung.

Der ADL-Index nach Katz [36] wurde ursprünglich bei der Betreuung älterer Menschen nach Schenkelhals-

fraktur entwickelt und bewertet die sechs Basisaktivitäten Essen, Kontinenz, Transfer, Toilette,
Ankleiden und Baden. Das Ergebnis wird als Quotient
von 6 angegeben, 6 Punkte zeigen völlige Unabhängigkeit, 0 Punkte Abhängigkeit in allen Bereichen. Ähnlich
strukturiert ist auch die Kenny Self-Care scale [70].

Alle Tests sind valide und in ihrer einfachen Handhabung sehr zuverlässig. Die ADL-Skalen werden häufig
angewandt, um gewisse Basisinformationen festzuhalten und klinische Verläufe zu dokumentieren. Sie
sind gut geeignet für den Gebrauch in rehabilitativen
Einrichtungen, besonders für Patienten mit hoch-
gradigen Behinderungen. Aus dem ADL-Index kann auch
der Bedarf an häuslicher Hilfe abgeschätzt werden.

Interessant ist die Beobachtung von *Katz*, daß innerhalb der ADL-Funktionen eine feste Hierarchie besteht.
So vollzieht sich die Wiedererlangung der Funktionen in
einer streng festgelegten Reihenfolge, die der Entwicklung in der Kindheit entspricht. Zuerst wird die
Unabhängigkeit beim Essen und die Kontinenz wiederge-
wonnen, danach Selbständigkeit beim Transfer und
beim Gang zur Toilette. Unabhängigkeit beim Baden und
Ankleiden wird zuletzt erlangt. Hieraus ergibt sich, daß
es im Verlauf eines therapeutischen Prozesses wenig
Sinn macht, in der Hierarchie höher stehende Tätig-
keiten einzuüben, bevor nicht niedrigere Funktionen be-
herrscht werden.

IADL-Index. Benutzt man nur ADL-Skalen als Maßstab, so wird die Zahl der alten Menschen unterschätzt, die zur Lebensbewältigung Hilfe benötigen. Mit ADL-Skalen wird nicht erfaßt, wie autonom jemand sein Leben innerhalb seiner häuslichen Umgebung gestalten kann. Diese Autonomie des älteren Menschen in seinem sozialen Umfeld wird durch die Erfassung der "instrumental activities of daily living" (IADL) überprüft.

Am gebräuchlichsten ist der von *Lawton* und *Brody* [41] 1969 entwickelte Test. Die auf Unabhängigkeit überprüften Verrichtungen sind Einkaufen, Kochen, Haushaltsführung, Wäsche waschen, Telefonieren, Benutzung von Verkehrsmitteln, Regelung der Finanzen und Einnahme von Medikamenten. Für jede Tätigkeit, die völlig selbständig geleistet werden kann, wird ein Punkt vergeben. Als Gesamtergebnis sind maximal 8 Punkte erreichbar, das individuelle Ergebnis wird als Quotient von 8 angegeben (siehe *Abb. 4*, S. 86). Der Test ist in wenigen Minuten durchführbar und wird vom Interviewer bewertet. Er hat ein sehr grobes Raster und erfaßt deshalb diskrete Veränderungen weniger gut. Die Beurteilung ist teilweise sehr subjektiv, weil Fähigkeiten erfragt werden, die in der Befragungssituation nicht unmittelbar überprüft werden können. Bei kognitiv eingeschränkten Patienten ist deshalb zur besseren Beurteilung oft auch eine Fremdanamnese erforderlich. In das Ergebnis fließt sehr stark mit ein, was der Untersucher dem Patienten zutraut.

ADL-IADL-Hierarchie. Die IADL-Funktionen sind komplexer als die ADL-Funktionen und stehen in einer streng hierarchischen Ordnung über diesen, weshalb eine Überprüfung der IADL-Funktionen nur bei intakter ADL-Funktion für sinnvoll gehalten wird [74]. Defizite in den IADL-Funktionen kommen häufiger vor und treten früher auf als Defizite bei den ADL-Funktionen, weil mit dem IADL-Index komplexere und hierarchisch höher stehende Funktionen erfaßt werden. Viele Menschen sind innerhalb ihrer Wohnung noch selb- ständig, benötigen jedoch Hilfe beim Einkaufen und bei der Zubereitung des Essens.

Bei einer sekundären Analyse mehrerer Studien zum Gesundheitszustand älterer Menschen zeigte sich, daß Patienten mit Defiziten in den IADL-Funktionen im Vergleich zu völlig Selbständigen ein erhöhtes Risiko hatten, auch in den "activities of daily living" abhängig zu werden. Ebenso fand sich bei diesen Patienten gegenüber den ganz Unabhängigen ein erhöhtes Mortalitätsrisiko [75]. In allen Studien zeigte sich für Personen mit Defiziten im IADL- und ADL-Index im Vergleich zu weniger abhängigen Personen ein deutlich gesteigertes Mortalitätsrisiko.

Motilität

Probleme der Motilität im Alter. Stürze führen sehr häufig zu einer Hospitalisierung älterer Menschen, sie sind der entscheidende Faktor in der Pathogenese der

Schenkelhalsfraktur. Jede dritte Frau und jeder sechste Mann, die das 90. Lebensjahr erreichen, wird eine Schenkelhalsfraktur haben. Die Hälfte der Patienten ist nach der Fraktur in den "activities of daily living" auf Hilfe angewiesen, von diesen wiederum die Hälfte auch längerfristig. Nur ca. 25% der Patienten erreichen nach der Fraktur ihren vorherigen funktionellen Status wieder. Demgegenüber beträgt die Mortalität innerhalb eines Jahres nach der Fraktur 20-30% ("into life under the pubic bone, out over the hip"). Die Schenkelhalsfraktur ist eine Hauptursache für Morbidität und Pflegebedürftigkeit im Alter, die Folgekosten sind enorm [56]. Bemühungen zur Prävention der für die Schenkelhalsfraktur pathophysiologisch bedeutsamen Osteoporose sollten forciert werden [40].

Der menschliche Gang ist ein sehr komplexer Prozeß, für dessen reibungslosen Ablauf neben intakten neuromuskulären Verhältnissen und Gelenkfunktionen unter anderem auch ein ausreichender Visus, ein stabiler Kreislauf und ein Mindestmaß an kognitiven Fähigkeiten unabdingbar sind. Gangstörungen sind meist multifaktoriell bedingt und gehören zu den am häufigsten von Ärzten übersehenen Problemen des älteren Menschen [58].

Dieselben Faktoren, die Gangstörungen verursachen, sind logischerweise auch Risikofaktoren für Stürze. Tinetti et al. [79] fanden bei Patienten mit Stürzen Beziehungen zur Einnahme von Sedativa, zu kognitiven

Einschränkungen, eingeschränkten Funktionen der unteren Extremitäten und Risikofaktoren in der häuslichen Umgebung (Beleuchtung, Türschwellen, Teppiche). Das Sturzrisiko korrelierte mit der Zahl der vorhandenen Risikofaktoren. *Grisso et al.* [23] fanden als Risikofaktoren für Stürze vor allem Dysfunktionen der unteren Extremitäten, Einschränkungen beim Visus, einen Schlaganfall in der Anamnese, Morbus Parkinson und die Einnahme lang wirksamer Barbiturate. In einer anderen Untersuchung waren von den Medikamenten Diazepam, Diltiazem, Diuretika und Laxantien am gefährlichsten [14]. *Downton* und *Andrews* [16] stellten bei Patienten mit Stürzen fest, daß diese im Vergleich zu nicht gestürzten Patienten abhängiger im ADL-Index nach *Katz*, stärker kognitiv eingeschränkt und depressiver waren.

Für die geriatrische Sturzabklärung bedeuten diese Ergebnisse, daß die Beurteilung des Sturzrisikos nicht auf einzelnen internistischen Befunden (z.B. Orthostase, Rhythmusstörungen) basieren sollte. Die multifaktorielle Genese muß berücksichtigt und jede Möglichkeit zur Senkung des individuellen Sturzrisikos ergriffen werden. Dies beinhaltet ausdrücklich auch das Absetzen potentiell schädlicher Medikamente und eine Inspektion der häuslichen Verhältnisse zur Eliminierung von Stolperfallen.

Studien von *Tinetti* und *Ginter* [78] haben ergeben, daß sich bei vielen Patienten mit Gangstörungen bei einer neuromuskulären Untersuchung kein entsprechendes Korrelat fand. Für das Erkennen von Gangstörungen ist die direkte Patientenbeobachtung der körperlichen Untersuchung des Bewegungsapparats überlegen.

Motilitätstests. Motilitätstests helfen, den Funktionszustand des Bewegungsapparats und den Grad der Sturzgefährdung zu beurteilen. Gleichzeitig sollen im Alter häufig vorkommende Erkrankungen wie Polymyalgia rheumatica, Parkinson-Syndrom oder Polyarthrosen demaskiert werden.

Beim Motilitätstest nach *Tinetti* [77] werden einzelne Funktionen der Mobilität von einem Beobachter analysiert und mit Hilfe eines Punktescores bewertet. Er ist unterteilt in eine Untersuchung von Stand und Balance sowie die Beurteilung des Gehens. Der Patient muß verschiedene Aufforderungen befolgen, die Art und Sicherheit der Durchführung wird bewertet. Die Prüfung von Stand und Balance bewertet die Einzelschritte Aufstehen, Stehen in den ersten Sekunden, Stehen mit geschlossenen Augen, Drehen auf der Stelle und Hinsetzen. Beim Aufstehen wird unter anderem registriert, ob dies im ersten Anlauf gelingt und ob eine Stütze erforderlich ist. Beim Stehen muß wahrgenommen werden, ob ein Halt benötigt wird und ob die Füße geschlossen sind. Zur Beurteilung des Gehens wird das Gangbild nach Schrittlänge, Schritthöhe, Schrittsymmetrie, Gangkontinuität, Wegabweichung, Schrittbreite und Rumpfstabilität analysiert. Es wird auch beachtet, ob der Start ohne Zögern erfolgt (siehe *Abb. 6*, S. 88-89). Maximal sind 28 Punkte erreichbar, Ergebnisse von weniger als 20 Punkten deuten auf ein erhöhtes Sturzrisiko hin. Gefordert wird, daß sich der Patient mit einem beliebigen Hilfsmittel ohne fremde Hilfe fortbewegt. Ein Nachteil ist, daß das benutzte Hilfsmittel nicht in das Ergebnis mit eingeht. Ein Patient, der mit einem Rollator recht sicher geht, erreicht dieselbe Punktzahl wie ein Patient, der mit Hilfe eines Gehstocks läuft. Nur wird der Patient mit Rollator vermutlich seine Wohnung nicht verlassen können. Auch hier gilt natürlich wieder, daß ein Patient mit schlechterer Punktzahl mobiler sein kann als ein Patient mit einem besseren Ergebnis, wenn er entsprechend bessere Unterstützung durch Hilfspersonen erfährt. Der Motilitätstest ist valide und relativ einfach durchführbar, benötigt jedoch erfahrene Untersucher, damit die Beurteilung korrekt ist und die Ergebnisse verschiedener Untersucher übereinstimmen.

Zusammen mit der Prüfung der Motilität kann auch die Gehgeschwindigkeit bestimmt werden. Dazu wird der Untersuchte aufgefordert, eine definierte Strecke (z.B. 10 m) so zügig wie möglich zurückzulegen. Dies hilft zu trennen zwischen Patienten mit Morbus Parkinson und Patienten, bei denen der langsame Gang ein Versuch ist, ihren unsicheren Gang zu kompensieren. Patienten mit Morbus Parkinson sind nicht in der Lage, ihre Gehgeschwindigkeit zu steigern. Die Gehgeschwindigkeit ist auch im sozialen Umfeld von großer Bedeutung, da eine Geschwindigkeit von mindestens 0,5 m/sec erforderlich ist, um eine Straße sicher überqueren zu können [66].

Eine andere Möglichkeit zur Überprüfung der Motilität bietet das "Timed Up and Go" von *Podsiadlo* und *Richardson* [59]. Dabei wird der Patient aufgefordert, aufzustehen, drei Meter zu laufen, umzudrehen, zurückzulaufen und sich wieder hinzusetzen. Ein Beobachter mißt die hierzu benötigte Zeit. Es zeigte sich, daß ältere Menschen, die diese Aufgabe in weniger als 20 Sekunden bewältigen konnten, im ADL- und IADL-Index wesentlich unabhängiger waren als Patienten, die länger als 30 Sekunden brauchten. Auch dieser Test ist sehr zuverlässig und scheint die Fähigkeit eines älteren Menschen, sicher außerhalb der Wohnung zu laufen, recht gut zu erfassen. Der "Get-Up and Go" von *Mathias et al.* [46] ist ein ganz ähnlich strukturierter Test.

Manuelle Fähigkeiten

Manualtests. Für viele Aktivitäten des täglichen Lebens ist eine gute Funktion der oberen Extremitäten, vor allem die Geschicklichkeit der Hände, von entscheidender Bedeutung. Manuelle Fähigkeiten sind sehr wichtig für die Autonomie des älteren Menschen.

Williams et al. [87] untersuchten diese Zusammenhänge bei 56 Frauen. Von diesen lebten 20 in Heimen,

16 wurden mit leichter Hilfe in ihrer häuslichen Umgebung betreut und 20 waren völlig selbständig. Alle waren über 60 Jahre alt. Sie mußten vor einem Schlösserbrett sitzen und neun verschiedene haushaltsübliche Schlösser öffnen und wieder zuschließen. Von einem Beobachter wurde die dafür benötigte Zeit gestoppt. ADL- und IADL-Index, kognitive Fähigkeiten sowie wichtige Fakten der physischen und sozialen Gesundheit wurden erhoben. Das Ergebnis war, daß die leicht abhängigen Frauen doppelt so lange für die Aufgabe brauchten wie die unabhängigen Frauen. Die Gruppe der stärker abhängigen Frauen brauchte im Vergleich zu den völlig Selbständigen die vierfache Zeit. Es gab nur geringe Überschneidungen zwischen den Gruppen. Die Zeiten in der Gruppe der unabhängigen Frauen waren sehr einheitlich, die größten Zeitschwankungen gab es bei den am stärksten abhängigen Frauen. Die manuellen Fähigkeiten erwiesen sich als sehr aussagekräftig hinsichtlich des Schweregrads einer aktuellen Hilfsbedürftigkeit.

Es muß erwähnt werden, daß die Teilnehmerinnen dieser Studie alle im ADL-Index völlig unabhängig waren, es sich also um eine recht rüstige Studienpopulation handelte.

Die Ergebnisse von *Williams* wurden später durch eine Untersuchung bestätigt, in der ebenfalls die am Schlösserbrett gemessenen Zeiten sehr gut mit dem Ausmaß einer bestehenden Abhängigkeit korrelierten [18]. Auch die Teilnehmer dieser Studie waren in einem relativ guten körperlichen und funktionalen Zustand.

Auch der "test of hand skill" von *Jebsen* [33] bietet eine Möglichkeit, manuelle Fähigkeiten zu überprüfen. Er erfaßt das Schreiben, das Aufheben, Umdrehen, Transportieren und Plazieren verschiedener kleiner Gegenstände sowie den Gebrauch eines kleinen Löffels zur Simulation von Eßvorgängen. Registriert wird die zur Ausführung dieser Aufgaben benötigte Zeit.

Wir benutzen ein Brett, an dem - modifiziert nach Williams - neun in Deutschland gebräuchliche Schlösser befestigt sind. Es wird die Zeit bestimmt, die für das Öffnen und Schließen dieser neun Schlösser benötigt wird. Für jedes nicht geöffnete Schloß werden 99 "Strafsekunden" addiert.

Da der Test sehr direkt einen aktuell stattfindenden Vorgang bewertet, reagiert er sehr sensibel schon auf kleine Störungen. Dies betrifft sowohl Motivation und Kooperation des Untersuchten als auch bestehende funktionale Defizite. Bei schwer behinderten Patienten und schlechten kognitiven Fähigkeiten ist der Test nur unter großen Schwierigkeiten durchführbar und führt zu stark schwankenden, nicht sehr verläßlichen Ergebnissen.

Handgriffstärke. Zur Beurteilung der manuellen Fähigkeiten gehört die Prüfung der Handgriffstärke, der sogenannte "hand grip". Der Patient komprimiert einen Gummiballon mit einer Hand, der Druck wird auf der

Anzeige des Vigorimeters in kPa abgelesen. Die Handgriffstärke kann auch mit Hilfe einer Blutdruckmanschette geprüft werden.

Eine Studie, die bei älteren Menschen das Risiko bezüglich Schenkelhalsfraktur untersuchte, fand bei allen Patienten als Zeichen nachlassender Muskelkraft eine mit dem Alter abnehmende Griffstärke. Die Gruppe von Patienten mit der geringsten Griffstärke hatte ein fünfmal höheres Frakturrisiko als die Patienten mit der besten Handgriffstärke [13]. In einer anderen Studie ließen sich enge Korrelationen zwischen Handgriffstärke und Ernährungszustand nachweisen, wobei eine sehr schlechte Griffstärke mit einem deutlich erhöhten Mortalitätsrisiko verbunden war [55].

Sonstige Tests zur Erfassung körperlicher Funktionen

Wir überprüfen die Fähigkeit, ein Telefon benutzen zu können, indem wir den Patienten eine bestimmte Nummer wählen lassen. Diese Fähigkeit kann im Notfall einmal hilfreich sein. Ferner geben wir dem Patienten einen Geldbeutel und bitten ihn, die darin befindliche Geldsumme zu nennen. Der Umgang mit Geld ist ein wichtiger Bestandteil des Alltags. Es wird jeweils die Zeit gemessen, die zur Bewältigung dieser Aufgaben benötigt wird. Das Ergebnis dieser zwei Tests wird beeinflußt von manuellen Fertigkeiten, aber auch vom Visus und von den kognitiven Fähigkeiten.

Viele ältere Menschen haben zuhause Probleme beim Öffnen von Medikamentenverpackungen, besonders beim Umgang mit kindersicheren Verschlüssen [65]. Dies kann großen Einfluß auf die Compliance und damit auf den Therapieerfolg haben. Wir prüfen deshalb, ob die Patienten in der Lage sind, ein Fläschchen mit kindersicherem Verschluß, ein Döschen mit Schubverschluß und eine Blisterpackung zu öffnen. Die bisherige Erfahrung zeigt, daß der Umgang mit dem kindersicheren Verschluß die meisten Probleme bereitet. Diese drei zuletzt beschriebenen kleinen Prüfungen erfassen die IADL-Ebene und sind nicht validiert.

Die "Framingham Disability Scale" [34] bietet eine weitere Möglichkeit zur Überprüfung körperlicher Funktionen. Sie ist eine Zusammenstellung verschiedener Tests zur Erfassung von ADL- und IADL-Index sowie Motilität. Erfragt wird beispielsweise auch die Fähigkeit, schwerere Lasten tragen zu können.

Auch der "Performance Test of ADL" [38] ist eine solche Zusammenstellung. Er erfordert recht rüstige Patienten.

Speziell für Patienten mit Morbus Parkinson wurde eine Bewertungsskala entwickelt, die Einzelheiten von Motilität und Handfunktion erfaßt, die "Columbia Scale" [47].

Im Rahmen einer multizentrischen Studie wurde für Patienten nach Schlaganfall die "Scandinavian Stroke Scale" entworfen [69]. Diese bewertet mit einem

Punktsystem den Bewußtseinszustand, die Orientiertheit, das Vorliegen einer Sprachstörung oder Facialisparese, den Schweregrad der Lähmung von Arm, Hand und Bein sowie den Grad der Immobilität. Diese Einteilung ist gut geeignet, um den klinischen Verlauf bei Schlaganfallpatienten zu dokumentieren.

Demenz

Problematik der Demenz. Defizite bei den kognitiven Fähigkeiten äußern sich als Gedächtnisstörungen, Desorientiertheit oder Verwirrtheit und können zu schweren Verhaltensstörungen führen. Sie kommen bei älteren Menschen häufig vor und werden oft übersehen. Eine Demenz wird oft erst dann wahrgenommen, wenn der alte Mensch aufgrund seiner kognitiven Einbußen den Alltag nicht mehr adäquat bewältigen kann oder durch Verhaltensstörungen auffällig wird. Diese Auswirkung auf das Sozialverhalten geht ausdrücklich in die Definition der Demenz mit ein. Vor allem die Verhaltensstörungen können für die Umwelt sehr belastend sein und haben häufig eine Unterbringung des dementen Patienten in einem Pflegeheim zur Folge.

Auch innerhalb der Kliniken werden Desorientiertheit und Verwirrtheit oft übersehen [58], sehr schlecht dokumentiert und kaum differentialdiagnostisch abgeklärt [27]. Dies ist unverständlich, zumal ein Teil der Demenzen eine behandelbare Ursache hat, also potentiell reversibel ist.

Kognitive Einbußen im Rahmen einer Demenz, die im allgemeinen leider progredient sind, führen zu einer erhöhten Hilfsbedürftigkeit des Individuums und sind zum Beispiel als Risikofaktor hinsichtlich Sturz und Schenkelhalsfraktur häufig Ursache von Hospitalisierung. Durch die hohe Prävalenz der Demenz im Alter entstehen immense Folgekosten, die von größter sozioökonomischer Bedeutung sind. Diese Kosten werden durch den stetig wachsenden Anteil älterer Menschen an der Gesamtbevölkerung in Zukunft noch ansteigen.

Demenz oder akute Verwirrtheit beeinträchtigen auch den Erfolg rehabilitativer Maßnahmen nach Schenkelhalsfraktur, sie verlängern die Liegedauer und haben eine erhöhte Mortalität zur Folge [56]. Dies gilt sicher auch für den Verlauf anderer Erkrankungen oder für die Rehabilitation nach Schlaganfall.

Demenztests. Grundsätzlich gibt es zwei verschiedene Typen von Demenztests. Es gibt kurze, leicht durchführbare orientierende Tests, mit denen man mittelschwere bis sehr schwere Demenzen sicher erfassen kann. Diese sind als Screening-Tests sehr wertvoll, leichtere kognitive Einbußen können aber übersehen werden. Auf der anderen Seite gibt es umfangreiche Testinstrumente, mit denen man schon diskrete kognitive Dysfunktionen entlarven kann. Diese werden eher im Rahmen einer weiterführenden Diagnostik sinnvoll eingesetzt.

Vor dem Einsatz von Demenztests sollten akute Verwirrtheitszustände, die bei alten Menschen im Rahmen vieler akuter Erkrankungen auftreten können, von Verwirrtheit bei Demenz unterschieden werden.

Zu den einfachsten Tests gehört der "Short Portable Mental Status Questionnaire" von *Pfeiffer* [54]. Dabei wird in 10 Punkten Gedächtnis, Aufmerksamkeit und Orientiertheit überprüft. Jede korrekte Antwort wird vom Interviewer mit einem Punkt bewertet, das Ergebnis liegt zwischen 10 Punkten (keine Demenz) und 0 Punkten (schwere Demenz). Ganz ähnlich ist der "Information-Orientation Sub-Test" der "Clifton Assessment Procedures of the Elderly" von Pattie und Gilleard [52]. Solche Tests sind in wenigen Minuten durchführbar und als Screening sehr wertvoll. Leichte Einbußen werden nicht unbedingt erfaßt.

Die "Mini Mental State Examination (MMSE)" nach *Folstein et al.* [21] prüft Gedächtnis, Orientiertheit, Aufmerksamkeit und konstruktive Fähigkeiten. Der Test ist gut validiert und in zehn Minuten durchführbar. Er ist in zwei Teile gegliedert. Im ersten Teil müssen einfache Fragen zu Orientiertheit, Gedächtnis und Aufmerksamkeit beantwortet werden. Der zweite Teil überprüft die Fähigkeit, Dinge korrekt zu benennen, verbale und schriftliche Aufforderungen zu befolgen, einen kurzen Satz zu schreiben und eine Figur zeichnerisch zu kopieren. Visusstörungen, Apraxien und Paresen beeinflussen deshalb das Ergebnis. Auch die Bildung des

Untersuchten modifiziert das Ergebnis [80]. Man muß berücksichtigen, daß gerade bei Tests zur Beurteilung des psychischen Zustands die Übertragung in eine andere Sprache, mehr noch aber in einen anderen Kulturkreis, zu Schwierigkeiten führen kann. Wir benutzen den "Mini Mental State" nach *Folstein*, wobei die Übertragung in die deutsche Sprache eine leichte Modifizierung mit sich bringt (siehe *Abb. 5*, S. 87). Beim "Mini Mental State" können maximal 30 Punkte erreicht werden, *Folstein et al.* fanden Punktzahlen unter 20 nur bei dementen Patienten. Andere Untersuchungen zeigten, daß Ergebnisse von 21-24 Punkten leichte bis mittelschwere Demenzen sehr zuverlässig demaskieren [11], was den "Mini Mental State" zu einem wertvollen Screening-Instrument macht. Die praktische Handhabung zeigt, daß der Test bei Patienten mit leichter Demenz und guter Fassade gelegentlich schwer durchführbar ist, da diese Patienten unkooperativ und aggressiv werden, wenn ihre kognitiven Defizite aufgedeckt werden.

Testverfahren wie "Wechsler Memory Scale" [84], "CERAD Battery of Tests" [49], "Halstead-Reitan Battery" [64] oder "CAMDEX" [67] sind sehr umfangreich und nur im Rahmen einer weiterführenden Diagnostik sinnvoll. Sie haben aber dort ihren Stellenwert, wo leichte kognitive Dysfunktionen abgeklärt werden müssen.

Mit "CERAD" konnten sehr milde Formen von Demenz zuverlässig erfaßt und von Veränderungen bei gesunden alten Menschen unterschieden werden. Die "Dementia Rating Scale" [81] gehört ebenfalls zu den eher umfangreicheren Testprogrammen.

Depression

Depression im Alter. Bei kranken älteren Menschen bestehen häufig depressive Symptome. Diese können eine mehr oder weniger adäquate Reaktion auf einen Zustand schlechter physischer, psychischer oder sozialer Gesundheit sein und dann spontan reversibel sein. Länger bestehende depressive Zustände führen jedoch zu einer Einschränkung in den sozialen Funktionen und zu einer abnehmenden Selbsthilfefähigkeit. In diesen Fällen ist eine antidepressive Therapie angezeigt.

Sowohl bei älteren Menschen im ambulanten Bereich [83] als auch bei geriatrischen Patienten innerhalb medizinischer Institutionen [62] bleiben depressive Zustände jedoch oft unentdeckt und werden somit auch nicht behandelt. Es gibt Hinweise, wonach Patienten, deren psychische Erkrankungen nicht diagnostiziert wurden, hinsichtlich klinischer und sozialer Prognose einen wesentlich ungünstigeren Verlauf haben als Patienten vergleichbaren Schweregrads, deren psychische Erkrankung bekannt war [51]. Depressive Patienten scheinen auch ein erhöhtes Risiko bezüglich der Entwicklung einer Demenz zu haben [63].

Nach sicher sehr vorsichtig zu bewertenden Schätzungen sollen 5-20% der ca. 20 Millionen betagten Amerikaner depressiv sein [24].

Depressionstests. Eine Möglichkeit, depressive Zustände besser zu diagnostizieren, besteht in der Anwendung kurzer Screeningtests. Aus dem englischsprachigen Raum kommen Beurteilungsskalen wie "Beck Depression Inventory" [4], "Zung Self-Rating Depression Scale" [90] oder "Center for Epidemiologic Studies Depression Scale" [61], von der es auch eine deutsche Fassung gibt [29]. Diese Tests sind Selbstbeurteilungsskalen, die der Patient in Eigenregie beantwortet. Ein von einem Interviewer bewerteter Test ist "Hamilton Depression Inventory" [28]. Diese Tests bestehen aus verschiedenen Fragen zu Stimmung, Aktivität und Antrieb, körperlichen und vegetativen Symptomen sowie zur Einschätzung der Zukunftsperspektiven.

Ein generelles Problem der Anwendung dieser Tests bei älteren Menschen ist, daß in einem unterschiedlichen Ausmaß immer auch somatische Symptome erfragt werden, was bei multimorbiden älteren Patienten die Trennung von rein krankheitsbedingten Symptomen schwierig macht. Zudem äußert sich Depression bei Betagten im Vergleich zu jüngeren Patienten weniger in somatischen Symptomen, sondern mehr in Störungen der Stimmung, des Antriebs sowie der kognitiven Funktionen. Diese depressive "Pseudodemenz" kann die

Differentialdiagnose von Demenz und Depression im Alter sehr schwierig machen. Gleichzeitig machen die häufig vorhandenen kognitiven Störungen die Beurteilung aller Tests schwierig, deren Ergebnis allein auf einer Selbstbeurteilung durch den Patienten basiert.

Aus dem multidimensionalen Assessment-Instrument "CARE" [26] wurde zur Erfassung von Demenz und Depression das "Brief-Assessment-Interview" entwickelt, das bei einer Überprüfung an Altenheimbewohnern eine hohe Reliabilität und Validität zeigte [86]. Das "Brief-Assessment-Interview" besteht aus einer Demenz- und einer Depressionsskala. Die acht in die Beurteilung eingehenden Items der Demenzskala umfassen die Bereiche Kurz- und Langzeitgedächtnis sowie Orientiertheit. Der erreichbare Summenscore variiert zwischen 0 (keine Demenz) und 8 (schwere Demenz). Die Depressionsskala umfaßt 21 Fragen über depressive Stimmungen, Sorgen, Suizidgedanken und vegetative Symptome. Ein Proband kann auf dieser Skala einen Wert zwischen 0 (nicht depressiv) und 24 (schwer depressiv) erreichen. Bei 7 und mehr Punkten liegt eine depressive Erkrankung vor. Die Durchführung des BAI dauert 10-35 Minuten. Kann ein Patient die ersten Fragen, die sich auf sein Alter, sein Geburtsjahr und seine derzeitige Adresse beziehen, nicht korrekt beantworten, so erfüllt er das Abbruchkriterium. Bei schwer dementen Patienten kann also mit Hilfe des BAI keine Aussage über das Vorliegen einer Depression gemacht werden.

Ausgehend von der Tatsache, daß die meisten Depressionstests nicht primär für die Untersuchung älterer Menschen gedacht waren, wurde von *Yesavage et al.* eine "Geriatric Depression Scale" entwickelt [89]. Die Studienpopulation bestand aus 40 gesunden alten Menschen und 60 geriatrischen Patienten, die wegen einer Depression behandelt wurden. Aus ursprünglich 100 Fragen zur Erfassung depressiver Symptome wurden 30 Fragen herausgefiltert, die mit der höchsten Signifikanz mit dem Gesamtergebnis korrelierten. Als Ergebnis sind 0-10 Punkte normal, 11-13 Punkte grenzwertig, mehr als 14 Punkte sprechen für eine Depression. Der Test ist primär als Selbstbeurteilungsskala gedacht, kann aber auch von einem Interviewer bewertet werden. Später wurde noch eine 15 Fragen umfassende Kurzfassung entwickelt [72], die wir in modifizierter Form anwenden (siehe *Abb. 7*, S. 90). Die Fragen müssen mit "Ja" oder "Nein" beantwortet werden. Antworten, die depressive Symptome anzeigen, werden mit einem Punkt bewertet. Als Ergebnis sind 3-5 Punkte normal, 7-10 Punkte zeigen eine leichte Depression und 12-14 Punkte weisen auf eine schwere Depression hin. Die "Geriatric Depression Scale" zeigte sich auch in einer Studie von *Rapp et al.* [62] bei 314 geriatrischen Patienten sehr zuverlässig und valide. Die eigene Erfahrung ist, daß die Bewertung dieses Tests bei kognitiv eingeschränkten Patienten sicher nicht unproblematisch ist.

Malnutrition

Mangelernährung, vor allem eine schlechte Versorgung mit Milchprodukten und Vitaminen, kommt bei geriatrischen Patienten häufig vor [82]. Sie ist multifaktoriell bedingt. Kauprobleme, Geschmacksstörungen, Inappetenz, Schwierigkeiten beim Einkaufen und der Zubereitung der Nahrungsmittel können eine Rolle spielen, ebenso kognitive Störungen und Depression. Auch im Rahmen vieler akuter Erkrankungen kann es zu einer Malnutrition kommen. Es liegt auf der Hand, daß eine Ernährungsanmnese für das Erkennen von Ernährungsstörungen sehr wichtig ist. Die Ernährungsanamnese und der Ernährungszustand werden im Rahmen des geriatrischen Assessments auf einem gesonderten Bogen erfaßt (siehe *Abb. 8*, S. 91). Dabei sollte unter anderem darauf geachtet werden, daß eine passende Zahnprothese vorhanden ist und auch benutzt wird. Eine Eßbeobachtung kann sehr aufschlußreich sein.

Es kommt immer wieder vor, daß bei manchen Patienten im Laufe eines wochenlangen Krankenhausaufenthaltes nicht ein einziges Mal das Körpergewicht bestimmt wurde. Es muß deshalb leider explizit darauf hingewiesen werden, daß die Bestimmung des Körpergewichts eine entscheidende Voraussetzung dafür ist,

Ernährungsstörungen wahrzunehmen. Wertvoll kann auch die Bestimmung des "Body Mass Index" sein, der sich bei Dementen unabhängig von Begleiterkrankungen erniedrigt fand [8]. In dieser Studie wurde auch ein "FOOD-IADL" errechnet, der sich aus den Punkten für den Bereich "Essen" im ADL-Index und den Punkten für "Einkaufen" und "Kochen" im IADL-Index zusammensetzte. Es fand sich eine signifikante Korrelation zwischen "Body Mass Index" und "FOOD-IADL". Einen Hinweis auf das Vorliegen einer Malnutrition liefert auch ein erniedrigtes Serumalbumin [3], das beim geriatrischen Assessment im Rahmen des Laborscreenings bestimmt wird.

Malnutrition ist unter anderem Risikofaktor für die Entstehung von Dekubitalulzera [57] und bringt ein höheres Mortalitätsrisiko mit sich [73]. Das Bewußtsein dafür, daß Mangelernährung ein häufiges Problem bei Hochbetagten ist, muß unbedingt geschärft werden.

Visus

Visus und Alter. Die Bedeutung des Visus für eine unabhängige Lebensführung liegt auf der Hand. Ein stark eingeschränktes Sehvermögen kann leicht zu Abhängigkeit auf der IADL- und ADL-Ebene führen. Schlechter Visus ist ein Risikofaktor für Stürze mit all ihren Folgen, kann aber auch Verwirrtheit und soziale Isolation begünstigen.

Visuseinschränkungen kommen bei älteren Menschen häufig vor. Die Prävalenz der Katarakt steigt mit zunehmendem Lebensalter, fast die Hälfte der 75-80 jährigen hat eine durch Katarakt bedingte deutliche Sehbehinderung [37]. Glaukom, diabetische Retinopathie und senile Makuladegeneration sind andere häufige Ursachen eines nachlassenden Sehvermögens im Alter. Wesentlich ist, daß ein großer Teil dieser Störungen mit guten Erfolgsaussichten behandelt werden kann.

Alte Menschen selbst überschätzen ihre Sehkraft. In einer Studie von *Long et al.* [44] gaben von 202 Patienten nur 34 Schwierigkeiten beim Sehen an, bei 72 Patienten ließ sich aber anhand eines Sehtests eine deutliche Visuseinschränkung nachweisen. Von diesen hatten 18 Patienten eine bisher nicht diagnostizierte und behandelbare Ursache ihrer Sehschwäche, meist Katarakt oder Glaukom. Daraus folgt, daß bei älteren Patienten eine objektive Visusprüfung regelmäßig durchgeführt werden sollte. Die eventuell indizierte fachärztliche Weiterbehandlung sollte großzügig eingeleitet werden.

In diesem Zusammenhang sei eine Untersuchung von *Berlinger* und *Potter* [7] erwähnt, die nahelegt, daß bei Patienten mit intakter kognitiver Funktion eine Verschlechterung des Sehens auch zu einer Verschlechterung der kognitiven Fähigkeiten führt. *Applegate et al.* [2] fanden bei 293 Patienten nach Katarakt-Operation zwölf Monate postoperativ signifikante Verbesserungen sowohl der manuellen als auch der kognitiven Fähigkeiten. Dabei besserten sich die manuellen Fähigkeiten schneller als die kognitiven. In umgekehrter Weise hatten aber auch vorbestehende kognitive Defizite einen negativen Einfluß auf den Erfolg einer Katarakt-Operation, wenn man diesen an einer Verbesserung bei den "activities of daily living" mißt [17]. Bei der Vielzahl alter Menschen mit Katarakt wäre es wichtig, Kriterien zu entwickeln, welche Patienten von einer Katarakt-Operation hinsichtlich funktionaler Fähigkeiten und Lebensqualität am meisten profitieren können [10].

Sehtest. Der Sehtest kann mit einer Sehtafel nach Nieden durchgeführt werden, auch die Sehtafeln nach Jäger werden viel benutzt. Der Nahvisus wird über eine Entfernung von 30-40 cm geprüft, der Fernvisus über eine Distanz von fünf Metern. Die Prüfung wird mit der dem Patienten zur Verfügung stehenden Lese- beziehungsweise Fernbrille durchgeführt, da für das Sehvermögen der korrigierte Visus entscheidend ist. Der Test ist monokular, das andere Auge wird jeweils mit der flachen Hand zugehalten. Das aktuelle Sehvermögen ergibt sich aus der letzten fehlerfrei gelesenen Serie von Ziffern. Bei eingeschränktem Visus sollte aus den hier dargestellten Gründen eine augen- ärztliche Untersuchung angestrebt werden.

Als Screeningmethode mag hilfreich sein, den Patienten zu bitten, einen Satz aus der Zeitung vorzulesen. Bei ausreichendem Visus sollte dies mit Hilfe der Lesebrille möglich sein.

Gehör

Eine Verschlechterung des Hörvermögens ist in hohem Alter sehr häufig. Der Hörverlust ist meistens bilateral und betrifft den Bereich der hohen Frequenzen [43], was zu Schwierigkeiten beim Verständnis der Umgangssprache führt.

Ein schlechtes Gehör kann durchaus drastische Folgen für den Betroffenen haben und eine soziale Isolation mit sich bringen [85]. Belegt sind auch Beziehungen zwischen Schwerhörigkeit und Depression [30], weniger eindeutig zwischen Schwerhörigkeit und dem Verlust kognitiver Fähigkeiten.

Trotz dieser teilweise schwerwiegenden Folgen bleibt der Hörverlust zum großen Teil undiagnostiziert und unbehandelt. Dies hat mindestens zwei Gründe. Zum einen akzeptieren die alten Menschen die Schwerhörigkeit als Teil des Altwerdens und glauben, daß nichts dagegen getan werden kann. Zum anderen nehmen Ärzte und andere Betreuende das nachlassende Gehör nicht wahr.

Aussagen der Patienten bezüglich ihres Hörvermögens sind nur begrenzt verwertbar. Eine Studie bei 253 über 70-jährigen, bei denen das Gehör mittels Audiometrie überprüft wurde, fand gegenüber Studien, in denen das Gehör nur klinisch oder nach den Angaben der Patienten beurteilt wurde, fast doppelt soviele Personen mit eingeschränktem Hörvermögen [30].

Da die Audiometrie verläßlicher ist als einfache klinische Prüfungen oder die Angaben der Patienten, führen wir eine Gehörprüfung mit einem Audiometer durch. Bei pathologischem Ausfall wird eine fachärztliche Untersuchung angestrebt.

Deutliche Hörverbesserungen sind möglich zum Beispiel durch die Entfernung von Zerumen oder durch die Verordnung eines Hörgeräts.

Übrigens benutzen nur 13-18% der schwerhörigen alten Menschen ein Hörgerät [43].

Multidimensionale Testprogramme

"CARE" (Comprehensive Assessment and Referral Evaluation, [26]) war ursprünglich ein 1500 Punkte umfassendes Interview, welches physische, psychische und soziale Probleme erfaßte. Das Programm wurde später gekürzt und modifiziert zum "SHORT-CARE" [25], aus dem auch das "Brief Assessment Interview" [86] zur Erfassung von Depression und Demenz kommt. Andere multidimensionale Instrumente sind "MAI" (Philadelphia Geriatric Center Multilevel Assessment Instrument, [42]) und "OARS" (Older Americans Resources and Services Methodology, [50]).

Aus der Gerontopsychiatrie kommt "NOSGER" (Nurses' Observations Scale for Geriatric Patients, [76]). Hier werden in 30 Punkten Gedächtnis, IADL-Index,

Selbsthilfe, Stimmung und Sozialverhalten aufgrund von Beobachtungen der Krankenschwestern beurteilt. Die Beurteilung basiert hier auf dem Verhalten des Patienten, vor allem auch auf sozial auffälligem Verhalten.

Bei "GERRI" (Geriatric Evaluation by Relatives Rating Instrument, [71]) werden in 49 Einzelpunkten kognitive Funktion, Sozialverhalten und Stimmung beurteilt. Auch hier beruht die Beurteilung auf der Beobachtung von Verhaltensweisen des Patienten, dies wird bei "GERRI" aber von Verwandten oder anderen engen Kontaktpersonen bewertet.

"GERI-AIMS" [31] ist ein Programm, das vor allem zur Beurteilung von Funktionen bei Patienten mit Arthritis entwickelt wurde, aber auch andere Dimensionen umfaßt.

Von *Grauer* und *Birnbaum* wurde die "Geriatric Functional Rating Scale" [22] entwickelt, bei der in ganz knapper Form gezielt einzelne Punkte von physischer und psychischer Gesundheit, einige Basisaktivitäten auf ADL- und IADL-Ebene, Sozialkontakte, soziale Unterstützung, Wohnsituation und finanzielle Lage in ca. 15 Minuten erfragt werden können. Es wird ein Summenscore errechnet. Ergebnisse von 20-40 Punkten sind prognostische Richtwerte, die die Notwendigkeit ambulanter Hilfe anzeigen. Ein Ergebnis von weniger als 20 Punkten läßt auf die Notwendigkeit institutionalisierter Pflege schließen.

Williams und *Hornberger* [88] entwickelten in einer Untersuchung mit 40 ADL-unabhängigen Heimbewohnern über 65 Jahren einen "Performance Index". Dieser umfaßt manuelle Fähigkeiten über die am Schlösserbrett [87] benötigte Zeit, die Gehgeschwindigkeit, sowie das Ergebnis im "Mini Mental State" und beim "hand grip". Zur Errechnung des "Performance Index" wird das Produkt der zeitabhängigen Variablen (Manualtest und Gehgeschwindigkeit) durch das Produkt der nicht zeitabhängigen Variablen (Punktzahl im "Mini Mental State" und Stärke des Handgriffs) dividiert. Der zugrunde liegende Gedanke ist, daß mit wachsender Hilfsbedürftigkeit die zeitabhängigen Variablen zunehmen, die nicht zeitabhängigen Variablen aber abnehmen, der "Performance Index" also größer wird. Ein hoher "Performance Index" zeigt Probleme in mindestens einer der vier funktionalen Ebenen an. Tatsächlich ergab eine Nachuntersuchung der Patienten nach zwei Jahren, daß ein "Performance Index" über 7 von großer prognostischer Aussagekraft bezüglich einer zunehmenden Hilfsbedürftigkeit war.

Ein von *Lachs et al.* [39] erstelltes Programm ist ein Konzentrat von Funktionstests, mit dem in knapper Form Probleme in den verschiedenen funktionalen Dimensionen erfaßt werden können. Der Visus wird mit der Sehtafel nach *Jäger* überprüft, das Gehör mit dem Flüstertest. Zur Beurteilung der proximalen Armfunktion wird der Patient aufgefordert, sich mit beiden Händen an den Hinterkopf zu fassen. Die Handfunktion wird geprüft, indem der Patient einen Löffel aufheben muß. Mit der Aufforderung, von einem Stuhl aufzustehen, zehn Schritte zu laufen, umzudrehen und sich wieder hinzusetzen, wird die Motilität begutachtet. Es wird gefragt, ob der Patient gelegentlich einnäßt. Der Ernährungszustand wird anhand Körpergröße und Körpergewicht bestimmt. Die Prüfung des Kurzzeitgedächtnisses erfolgt durch Vorzeigen dreier Objekte, die nach wenigen Minuten noch erinnerlich sein sollen. Hinsichtlich Depression wird gefragt, ob der Patient sich oft traurig oder niedergeschlagen fühlt. Bei den ADL- und IADL-Funktionen wird festgestellt, ob die Person in der Lage ist, allein aus dem Bett zu kommen, sich allein anzukleiden, selbst zu kochen und selbst einkaufen zu gehen. Es wird nach der Anzahl von Treppen und nach Gefahrenquellen in der häuslichen Umgebung gefragt. Hinsichtlich sozialer Unterstützung wird nach einer Person gefragt, die dem Patienten im Krankheitsfalle helfen könnte. Dieses Vorgehen scheint als kurze Screeningmethode sehr geeignet.

Für das geriatrische Assessment stehen gut validierte Tests zur Verfügung. Um eine gute Reliabilität zu sichern, sind auch geübte Untersucher erforderlich. Die aufgeführten Funktionstests und Befragungen stellen den gegenwärtigen Standard dar, die Methoden sind jedoch im Fluß. Die Weiterverbesserung prognostisch relevanter Assessment-Instrumente ist ein Gegenstand der klinischen Forschung in der Geriatrie.

Lebensqualität und Selbsteinschätzung

Aus der Lebenserwartung der Bevölkerung läßt sich nicht rückschließen, wie eine Gesellschaft mit ihren Alten umgeht. Die Qualität des Umgangs mit alten Menschen muß vielmehr daran gemessen werden, ob sie ihr Leben in einem Zustand größtmöglicher Zufriedenheit führen können. Der entscheidende Parameter sollte also die Lebensqualität sein. Dies gilt auch und ganz besonders für die medizinische Betreuung älterer Menschen.

Im Vordergrund der therapeutischen Bemühungen beim Umgang mit geriatrischen Patienten steht deshalb die möglichst umfassende Erhebung des körperlichen und seelischen Zustands sowie seiner sozialen Situation. Die gezielte Behandlung von Funktionsdefiziten soll dann die Selbsthilfefähigkeit und damit die Lebensqualität des Patienten verbessern. Denkbar ist im Einzelfall jedoch auch, daß entsprechende therapeutische Bemühungen nicht im Interesse des Patienten sind, da dieser in seinem letzten Lebensabschnitt keinen Wert mehr auf Selbständigkeit legt und nur versorgt werden möchte.

Der Begriff der Lebensqualität umfaßt mehr als nur die körperlichen und seelischen Funktionen eines Menschen. Von Bedeutung sind hier auch das soziale

Umfeld sowie die ethischen und moralischen Wertbegriffe eines Menschen und die sich aus ihnen ergebenden Einstellungen. Lebensqualität ist ein sehr subjektives Kriterium, das sich eigentlich nur aus der Selbsteinschätzung des Patienten erfahren läßt. Es hat sich gezeigt, daß diese ganz erheblich von der Beurteilung durch professionelle Helfer abweichen kann [53].

Erfragt werden Lebensqualität und subjektives Wohlbefinden im Rahmen der schon erwähnten multidimensionalen Assessment-Instrumente "OARS" und "CARE". Weitere multidimensionale Instrumente, die eine Selbsteinschätzung des Patienten hinsichtlich seines Gesundheitszustands beinhalten, sind das "Nottingham Health Profile" (NHP, [32]) und das "Sickness Impact Profile" (SIP, [5]). Eindimensionale Tests zur Erfassung des subjektiven Wohlbefindens sind die "Southampton Self-esteem Scale" (SES, [12]) und die "Philadelphia Geriatric Morale Scale" (PGMS, [60]).

In einer Untersuchung [20] wurde eine Sekundäranalyse der gebräuchlichsten Tests zur Erfassung von Lebensqualität und subjektivem Wohlbefinden durchgeführt. Bewertet wurden sowohl Reliabilität und Validität als auch die Brauchbarkeit für die Anwendung bei alten Menschen. Von den multidimensionalen Instrumenten wurde hier das "Sickness Impact Profile" bevorzugt, das vor allem für den Gebrauch in Langzeitpflegeeinrichtungen geeignet scheint. Von den kurzen Tests zur Erhebung des subjektiven Wohlbefindens ist die "Philadelphia Geriatric Morale Scale" am besten erprobt.

Im übrigen ist auch die Lebenserwartung, unabhängig von sonstigen klinischen Parametern, in hohem Maße davon abhängig, wie der Patient selbst seinen Gesundheitszustand einschätzt [48].

4.3 Zusatzuntersuchungen

Die klinische Symptomatik erlaubt bei betagten Patienten keine zuverlässige Zuordnung zum geschädigten Organsystem. So kann Verwirrtheit z. B. durch einen hochfieberhaften Infekt bedingt sein, Erbrechen bei einem Harnverhalt oder einer beginnenden Pneumonie auftreten, und eine drastische Gewichtsabnahme braucht nicht auf ein Malignom hinzuweisen, sondern kann Folge einer schweren Demenz sein. Diese Beispiele ließen sich noch beliebig fortführen.

Da also viele Krankheiten im Alter atypisch verlaufen und betagte Menschen oft nur unvollständig über Beschwerden und Krankheitszeichen berichten, ist ein etwas großzügigeres Laborscreening zu rechtfertigen [9]. Bestimmt werden im Rahmen des geriatrischen Assessments Laborparameter, die auf korrigierbare Krankheiten und Mangelzustände wie Schilddrüsendysfunktion, Osteomalazie, Hyperparathyreoidismus, Eisen-, Vitamin B-12- und Folsäuremangel, Elektrolyt- und Wasserhaushaltsstörungen sowie Malnutrition hinweisen (siehe *Tab. 4*, S. 92). Dabei gelten für die meisten Laborwerte die üblichen Referenzbereiche.

Je nach Fragestellung schließen sich Röntgen, EKG, Lungenfunktion, Sonographie, Echokardiographie und dopplersonographische Untersuchungen an. Diese Basisuntersuchungen sind wenig zeitaufwendig und nicht invasiv, für den Patienten im allgemeinen also gut tolerabel. Für notwendige weiterführende Diagnostik steht prinzipiell die gesamte Palette der in der inneren Medizin angewandten Verfahren zur Verfügung. Das Alter allein sollte hier kein Ausschlußkriterium sein. Wegen der teilweise starken Belastung für den Patienten bedarf invasivere Diagnostik (z. B. Röntgen-Kolon oder Koloskopie) in der Geriatrie einer strengen Indikationsstellung. Das Untersuchungsergebnis sollte therapeutische Konsequenzen für den Patienten haben können. Wenn von vornherein keine therapeutischen Konsequenzen denkbar sind, so sollte auf die belastende Diagnostik verzichtet werden. Diese Entscheidung kann im Einzelfall sehr schwierig sein, nicht nur das Alter, sondern die gesamte Situation des Patienten muß in den Entscheidungsprozeß mit eingehen.

Aktivitäten des täglichen Lebens (ADL) - Barthel-Index

Essen	10	Unabhängig, benutzt Geschirr und Besteck
	5	Braucht Hilfe, z.B. beim Schneiden
	0	Total hilfsbedürftig
Baden	5	Badet oder duscht ohne Hilfe
	0	Badet oder duscht mit Hilfe
Waschen	5	Wäscht Gesicht, kämmt sich, putzt Zähne, rasiert bzw. schminkt sich
	0	Braucht Hilfe
Ankleiden	10	Unabhängig, incl. Schuhe anziehen
	5	Hilfsbedürftig - kleidet sich teilweise selbst an
	0	Total hilfsbedürftig
Stuhlkontrolle	10	Kontinent
	5	Teilweise inkontinent (z.B. nachts)
	0	Inkontinent
Urinkontrolle	10	Kontinent
	5	Teilweise inkontinent (z.B. nachts)
	0	Inkontinent
Toilette	10	Unabhängig bei Benutzung der Toilette / Nachtstuhl
	5	Braucht Hilfe für z.B. Gleichgewicht, Kleidung aus- und anziehen, Toilettenpapier
	0	Kann nicht auf Toilette / Nachtstuhl
Bett / Stuhl-Transfer	15	Unabhängig (gilt auch für Rollstuhlfahrer)
	10	Minimale Assistenz oder Supervision
	5	Kann sitzen, braucht für den Transfer jedoch Hilfe
	0	Bettlägrig
Bewegung	15	Unabhängiges Gehen (auch mit Gehhilfe) für mind. 50 m
	10	Mind. 50 m Gehen, jedoch mit Unterstützung
	5	Für Rollstuhlfahrer: Unabhängig für mind. 50 m
	0	Kann sich nicht (mind. 50 m) fortbewegen
Treppensteigen	10	Unabhängig (auch mit Gehhilfe)
	5	Braucht Hilfe oder Supervision
	0	Kann nicht treppensteigen

Gesamtpunktzahl: _______

Abb. 3: Activities of daily living (ADL) nach Mahoney und Barthel [45].

Instrumental Activities of Daily Living (IADL)
Lawton M.P., Brody E.M.

Telefon:
1 Benützt Telefon aus eigener Initiative, wählt Nummern
1 Wählt einige bekannte Nummern
1 Nimmt ab, wählt nicht selbständig
0 Benützt das Telefon überhaupt nicht

Einkaufen:
1 Kauft selbständig die meisten benötigten Sachen ein
0 Tätigt wenige Einkäufe
0 Benötigt bei jedem Einkauf Begleitung
0 Unfähig zum Einkaufen

Kochen:
1 Plant und kocht erforderliche Mahlzeiten selbständig
0 Kocht erford. Mahlzeiten nur nach Vorbereitung durch Drittperson
0 Kocht selbständig, hält aber benötigte Diät nicht ein
0 Benötigt vorbereitete und servierte Mahlzeiten

Haushalt:
1 Hält Haushalt instand oder benötigt zeitweise Hilfe bei schweren Arbeiten
1 Führt selbständig kleine Hausarbeiten aus
1 Führt selbst kleine Hausarbeiten aus, kann aber Wohnung nicht reinhalten
1 Benötigt Hilfe in allen Haushaltsverrichtungen
0 Nimmt überhaupt nicht teil an tgl. Verrichtungen im Haushalt

Wäsche:
1 Wäscht sämtliche eigene Wäsche
1 Wäscht kleine Sachen
0 Gesamte Wäsche muß auswärts versorgt werden

Transportmittel:
1 Benützt unabhängig öffentliche Verkehrsmittel, eigenes Auto
1 Bestellt und benützt selbständig Taxi, benützt aber keine öffentlichen Verkehrsmittel
1 Benützt öffentliche Verkehrsmittel in Begleitung
0 Beschränkte Fahrten im Taxi oder Auto in Begleitung
0 Reist überhaupt nicht

Medikamente:
1 Nimmt Medikamente in genauer Dosierung und zu korr. Zeitpunkt eigenverantwortlich
0 Nimmt vorbereitete Medikamente korrekt
0 Kann korrekte Einnahme von Medikamenten nicht handhaben

Geldhaushalt:

1 Regelt finanz. Geschäfte selbständig (Budget / Schecks / Einzahlungen / Gang zur Bank)
1 Erledigt tgl. kleine Ausgaben. Benötigt Hilfe bei Einzahlungen / Bankgeschäften
0 Ist nicht mehr fähig mit Geld umzugehen

Gesamtpunktzahl: _________ / 8

Abb.4: Erweiterte Aktivitäten des täglichen Lebens [41].

Mini Mental Status - Folstein et al.

(0 / 1) 1. Was ist heute für ein Wochentag ?
(0 / 1) 2. Was ist heute für ein Monat ?
(0 / 1) 3. Welche Jahreszeit haben wir jetzt ?
(0 / 1) 4. Welches Jahr haben wir ?

(0 / 1) 5. Wo sind wir jetzt ?   welche Stadt ?
(0 / 1) 6.   welches Krankenhaus ?
(0 / 1) 7.   welche Etage ?

(0 / 1) 8. Wie heißt der Stationsarzt ?

(0 / 1) 9. Wie heißt das ?   Baum
(0 / 1) 10. (Vorher selbst benennen) Tisch
(0 / 1) 11.   Schrank

Ziehen Sie von 100 jeweils 7 ab oder buchstabieren Sie Tisch rückwärts:

(0 / 1) 12.   93   H
(0 / 1) 13.   86   C
(0 / 1) 14.   79   S
(0 / 1) 15.   72   I
(0 / 1) 16.   65   T

(0 / 1) 17. Schreiben Sie irgendeinen Satz

Was waren die Dinge, die Sie vorher benannt haben ?

(0 / 1) 18.   Baum
(0 / 1) 19.   Tisch
(0 / 1) 20.   Schrank
(0 / 1) 21. Wie heißt das ?   Uhr
(0 / 1) 22. (nicht selbst benennen) Nase
(0 / 1) 23.   Kugelschreiber

(0 / 1) 24. Sprechen Sie nach: "keine und wenn oder aber"

(0 / 1) 25. Lesen Sie und machen Sie es ("**Augen zu** !")
(0 / 1) 26. Berühren Sie mit Ihrem rechten Finger das linke Ohr
(0 / 1) 27. Kopieren Sie die Zeichnung (Zwei Fünfecke)

Machen Sie bitte folgendes:

(0 / 1) 28. Nehmen Sie das Blatt mit Ihrer Zeichnung in die rechte Hand,
              legen Sie es wieder zurück
(0 / 1) 29. Falten Sie es in der Mitte und
(0 / 1) 30. Lassen Sie es auf den Boden fallen

Gesamtpunktzahl: _________

Abb. 5: Mentaltest nach Folstein [21].

Motilitätstest - Tinetti E. (modifziert)

I. Balancetest

	0	1	2	3	4
Gleichgew. im Sitzen	unsicher	sicher, stabil			
Aufstehen vom Stuhl Zeit: _____ s	nicht mgl.	nur mit Hilfe	diverse Versuche rutscht nach vorn	braucht Armlehne oder Halt (nur 1 Versuch)	in einer fließenden Bewegung
Balance in den ersten 5 s	unsicher	sicher, mit Halt	sicher, ohne Halt		
Stehsicherheit	unsicher	sicher, aber ohne geschlossene Füße	sicher, mit geschl. Füßen		
Balance mit geschl. Augen	unsicher	sicher, ohne Halt			
Drehung 360° mit offenen Augen	unsicher, braucht Halt	diskontin. Bewegung bd. Füße am Boden vor dem nächsten Schritt	kontin. Bewegung sicher		
Stoß gegen die Brust (3x leicht)	fällt ohne Hilfe oder Halt	muß Füße bewegen, behält Gleichgewicht	gibt sicheren Widerstand		
Hinsetzen Zeit: _____ s	läßt sich plumpsen, unzentriert braucht Lehne	flüssige Bewegung			

II. Gehprobe

	0	1	2
Schrittauslösung (Patient wird aufgefordert zu gehen)	Gehen ohne fremde Hilfe nicht möglich	zögert, mehrere Versuche, stockender Beginn	beginnt ohne Zögern zu gehen, fließende Bewegungen
Schritthöhe (von der Seite beobachtet)	kein selbständiges Gehen mgl.	Schlurfen, übertriebenes Hochziehen	Fuß total vom Boden gelößt max. 2-4 cm über Grund
Schrittlänge (von Zehen des einen bis Ferse des anderen Fußes)		weniger als Fußlänge	mindestens Fußlänge
Schrittsymmetrie	Schrittlänge variiert, Hinken	Schrittlänge bds. gleich	
Gangkontinuität	kein selbständiges Gehen möglich	Phasen mit Beinen am Boden diskontinuierlich	beim Absetzen des einen wird der andere Fuß gehoben keine Pausen
Wegabweichung	kein selbständiges Gehen mgl.	Schwanken, einseitige Abweichung	Füße werden entlang einer imaginären Linie abgesetzt
Rumpfstabilität	Abweichung, Schwanken, Unsicherheit	Rücken u. Knie gestreckt, kein Schwanken, Arme werden nicht zur Stabilisierung gebraucht	
Schrittbreite	Ganz breitbeinig oder überkreuz	Füße berühren sich beinahe	

Punkte B: _________ Punkte G: _______   Gesamtpunktzahl: _______

Abb. 6:   Test zur Erfassung der Motilität (77).

<u>Befragung zum emotionalen Status</u>
<u>modifizierter Depressionstest nach Yesavage et al.</u>

0 / 1 Punkte

1. ja / nein   Sind Sie grundsätzlich mit Ihrem Leben zufrieden ?

2. nein / ja   Haben Sie viele Ihrer Aktivitäten und Interessen aufgegeben ?

3. nein / ja   Haben Sie das Gefühl, Ihr Leben sei ohne Sinn ?

4. nein / ja   Sind Sie oft gelangweilt ?

5. ja / nein   Sind Sie häufig guter Laune ?

6. nein / ja   Haben Sie manchmal Angst, daß Ihnen etwas Schlimmes zustoßen wird ?

7. ja / nein   Stehen Sie morgens gerne auf ?

8. nein / ja   Fühlen Sie sich oft hilflos ?

9. nein / ja   Hadern Sie manchmal mit Ihrer Vergangenheit ?

10. nein / ja   Haben Sie das Gefühl, ein schlechteres Gedächtnis
als andere Leute Ihres Alters zu haben ?

11. ja / nein   Finden Sie es schön, in unserer heutigen Zeit zu leben ?

12. ja / nein   Sind Sie kontaktfreudig ?

13. ja / nein   Haben Sie noch viel Tatendrang (Energie) ?

14. nein / ja   Ist Ihnen oft zum Heulen zumute ?

15. nein / ja   Haben Sie das Gefühl, daß die meisten Leute (Ihres Alters) besser dran
sind als Sie ?

Gesamtpunktzahl: ________

Abb. 7: Depressionsskala. Modifiziert nach Yesavage et al. [72].

<u>Ernährungsanamnese und -zustand</u>

Anamnese

1/0 Punkte

1.ja/nein   Gastrointestinale Erkrankung
(mit Beeinträchtigung der Nahrungsaufnahme
und/oder der Verdauung) und/oder
chronische Infektion

2.ja/nein   Zerebrale Ischämie mit Schluckstörung und/oder
Armparese (Schwierigkeiten beim Schneiden von
Lebensmitteln)

3.ja/nein   Immobilität

4.ja/nein   Auffallende Gewichtsabnahme (>5 kg im letzten Monat
oder >10 kg im letzten Halbjahr)

5.ja/nein   Appetitlosigkeit/Veränderung des Appetits

6.ja/nein   Schlechter Zahnstatus

7.ja/nein   Hoher Konsum von Medikamenten und/oder Genußmitteln
(Nikotin, Alkohol)

8.ja/nein   Geistige Beeinträchtigung

9.ja/nein   Depression

10.ja/nein   Unbefriedigende soziale Situation (Wohnung,
Finanzen, Einkaufsmöglichkeiten etc.)

Gesamtpunktzahl:_______
(Je höher die Gesamtpunktzahl, umso wahrscheinlicher liegt eine
unbefriedigende Ernährungssituation vor).

Ernährungszustand

Bodymass-Index (BMI):
Klinische Einschätzung: O   unterernährt
                               O   normalgewichtig
                               O   adipös

Laborparameter
Proteine: Albumin:
                                       Präalbumin:
                                       Transferrin:

Vitamine: Vitamin A:
                                       Vitamin C:
                                       Vitamin B_{12}:
                                       Folsäure:

Abb. 8: Ernährungsstatus.

Tabelle 4: Laborscreening im Rahmen des Assessments

Laborscreening

Krankheit/Mangelzustand	Laborparameter
Schilddrüsendysfunktion	TSH
Osteopathie	Ca, P, alk. Phos., evtl. Vit. D
Hyperparathyreoidismus	Ca, P, alk. Phos., evtl. PTH
Leber- u. Galleerkrankungen	y-GT, GOT, GPT, Bilirubin, Quick, Hepatitis-Serologie
Diabetes mellitus	Blut- u. Urinzucker
Entzündung	Differentialblutbild, BSG, Urin-Status
Anämie	Blutbild, okkultes Blut im Stuhl, Urinstatus, evtl. Vit. B_{12}, Folsäure, Ferritin
Elektrolytstörungen	Na, K
Dehydratation	Na, Hk
Mangelernährung	Proteine, Vitamine (s. Ernährungszustand)
Nierenfunktion	Kreatinin, Harnstoff, Kreatininclearance

5 Das Bethanien Assessment Programm

Das Bethanien Krankenhaus ist als Geriatrisches Zentrum dem Klinikum der Universität Heidelberg angegliedert. Einer der Schwerpunkte der Behandlung in unserem Haus ist die Rehabilitation älterer Menschen nach Frakturen, vor allem nach Schenkelhalsfrakturen, sowie nach Schlaganfall. Diese Patienten werden in der Regel zur Nachbehandlung aus der Universitätsklinik Heidelberg oder aus anderen Kliniken übernommen. Die Mehrzahl der Patienten wird jedoch mit Akuterkrankungen vom Hausarzt eingewiesen. Ziel der stationären Behandlung ist es, die Selbsthilfefähigkeit des alten Menschen wieder soweit herzustellen, daß er wieder in seine häusliche Umgebung entlassen werden kann.

Bei geriatrischen Patienten bestehen immer enge Beziehungen zwischen Erkrankung, krankheitsbedingten Funktionsverlusten sowie dem Ausmaß vorhandener sozialer Unterstützung. Alle drei Faktoren sind für die weitere Prognose von entscheidender Bedeutung. Ebenso wichtig wie die korrekte Behandlung der bestehenden Erkrankungen ist deshalb die sorgfältige Erfassung der körperlichen und seelischen Funktionen des geriatrischen Patienten und die Klärung seiner sozialen Situation. Werden nur die Diagnosen behandelt, so wird ein wesentlicher Teil der Realität des alten Menschen außer acht gelassen.

Am Anfang unseres Assessments steht immer die körperliche Untersuchung und die Erhebung einer strukturierten Anamnese. Großen Wert legen wir dabei auf eine genaue Erhebung der Verordnung sowie der Einnahme von Medikamenten. Einerseits haben Unregelmäßigkeiten bei der Compliance einen Einfluß auf den klinischen Verlauf vieler Erkrankungen und können somit auch Hospitalisierungen zur Folge haben. Andererseits können nicht korrekte oder zu komplizierte Verschreibungspraktiken iatrogene Störungen der Gesundheit fördern. Bei der Anamnese wird darauf geachtet, ob typische geriatrische Syndrome wie Stürze, Immobilität, Inkontinenz, Verwirrtheit oder Malnutrition vorliegen.

Eine unabdingbare Voraussetzung für die Durchführung des geriatrischen Assessments ist die Kooperation des Patienten. Um diese nicht von vornherein zu gefährden, ist ein behutsames Herangehen an den Patienten empfehlenswert.

Den besten Zugang zum Patienten erhält man unserer Erfahrung nach dadurch, daß man zunächst den ADL- und IADL-Status erhebt. Die Bewältigung der "activities of daily living" ist für den Patienten von großer praktischer Bedeutung und die meisten Patienten reagieren sehr positiv darauf, daß man hier ihre Probleme wahrnimmt. Wir erfassen den ADL-Status mit dem Barthel-Index, was meist in ca. fünf Minuten möglich ist. Bei Patienten mit weitgehender Unabhängigkeit im ADL-Status schließt sich hier die Erhebung des IADL-Status nach *Lawton* und *Brody* an. Auch diese Befragung ist in wenigen Minuten durchführbar. So hat man schon nach kurzer Zeit ein recht gutes Bild vom Patienten. Bei Patienten mit weitgehend intakten kognitiven Fähigkeiten kann man jetzt nahtlos die Erhebung der sozialen Situation anfügen. Wir benutzen hierzu einen umfangreichen Fragebogen, mit dem wir wichtige Fakten der sozialen Beziehungen, der sozialen Aktivitäten und Interessen, des sozialen Umfelds, der sozialen Unterstützung sowie der finanziellen Situation erfassen. Dies beinhaltet die Erfragung wichtiger Bezugspersonen, die detaillierte Erhebung der Wohnsituation, die Beurteilung des Ausmaßes schon erhaltener oder im Notfall zur Verfügung stehender Unterstützung sowie Anzahl und Qualität sozialer Kontakte und Aktivitäten. Wichtig ist dabei auch, ob der Patient subjektiv mit seiner Situation zufrieden ist. Die Durchführung kann sehr zeitaufwendig sein und ist nicht immer einfach durchführbar. Es gibt viele Patienten, die sehr dankbar sind, daß man sich auch für diese Probleme interessiert. Einige Patienten lassen sich nicht gerne zu ihrer häuslichen Situation befragen, weil sie dies als Einmischung empfinden und Angst davor haben, daß man ihnen hier Mängel nachweisen will. Es mag manchmal auch die

Befürchtung eine Rolle spielen, "ins Heim gesteckt zu werden". So kann in manchem Einzelfall die Problemerfassung im sozialen Bereich sehr schwierig sein und muß behutsam erfolgen. In den meisten Fällen ist es nach Durchführung der oben genannten Tests bei unseren Patienten jetzt ratsam, eine Pause zu machen und die nachfolgenden Punkte des Assessment-Programms zu einem späteren Zeitpunkt anzuschließenen.

Etwas anders gestaltet sich die Vorgehensweise bei Patienten, bei denen schon von Anfang an kognitive Einbußen deutlich werden. Hier muß man schon beim ADL-Status die Angaben des Patienten durch die Befragung von Pflegepersonal oder Angehörigen überprüfen. Die Befragung zur sozialen Situation würde bei diesen Patienten zu einer völlig falschen Einschätzung der Situation führen. Es ist deshalb ratsam, im Zweifelsfall sehr früh einen Demenztest durchzuführen, damit man weiß, ob man sich auf die Angaben des Patienten verlassen kann. Wir benutzen hierzu den "Mini Mental State" nach *Folstein*, der nur wenige Minuten erfordert. Der Demenztest ist in jedem Fall von der Akzeptanz her die schwierigste Untersuchung im Rahmen des geriatrischen Assessments. Er ist eine große Belastungsprobe für die Kooperationsbereitschaft des Patienten. Vor allem Patienten mit milder Demenz, die um eine gute Fassade bemüht sind, aber auch viele Patienten mit völlig intakten kognitiven Fähigkeiten reagieren sehr unwirsch und ablehnend. Dies hat schon in vielen Fällen das weitere Assessment unmöglich oder mindestens sehr schwierig gemacht. In jedem Fall wird man die Anwendung eines Demenztests dem betroffenen Patienten sehr gut erklären müssen. Aus den genannten Gründen kann keine generelle Empfehlung gegeben werden, wann der günstigste Zeitpunkt für die Durchführung des Demenztests ist.

Gleiches gilt für die Anwendung von Tests zur Erfassung depressiver Symptome. Hier werden sehr persönliche Fragen gestellt, die bei einzelnen älteren Menschen zu ganz unterschiedlichen Reaktionen führen können. Wir verwenden als Depressionstest eine modifizierte Kurzform der "Geriatric Depression Scale" nach *Yesavage*. Bei unseren Patienten hat sich dieser Test jedoch inzwischen als nur bedingt praktikabel erwiesen. Es fiel uns öfter eine Diskrepanz auf zwischen dem nach außen sichtbaren Gemütszustand des Patienten und den Antworten, die er bei der Befragung gab. Bei kognitiv eingeschränkten Patienten ist der Test nur bedingt auswertbar, hier ist das klinische Bild eine verläßlichere Grundlage der Beurteilung.

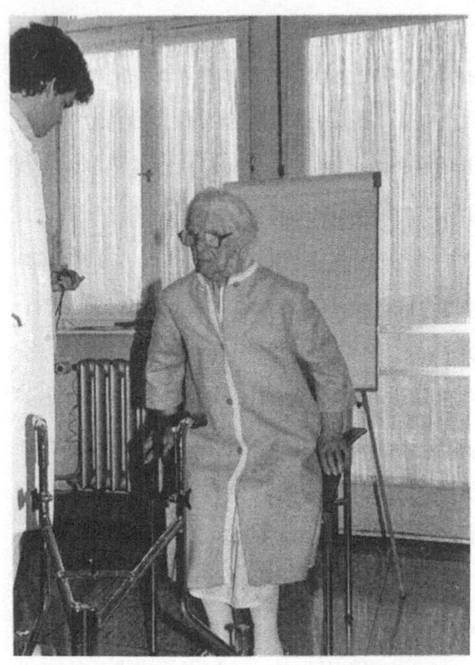

Abb. 9: Prüfung der Motilität.

Der erste Teil unseres Assessments besteht aus Befragungen. Den zweiten Teil, den wir nach Möglichkeit einen Tag später durchführen, beginnen wir mit der Prüfung der Motilität. Wir benutzen hierzu den Motilitätstest nach *Tinetti* (siehe *Abb. 9*). Der Test selbst ist eigentlich immer in kurzer Zeit und problemlos durchführbar und sehr aufschlußreich. Auch die Patienten zeigen immer sehr gern, wie sie laufen können. Zeitaufwendig kann es bei recht immobilen Patienten dadurch sein, daß der Patient zuerst aus dem Bett geholt und angezogen werden muß. Zusammen mit dem Motilitätstest bestimmen wir die Gehgeschwindigkeit, indem wir die Zeit messen, die der Patient benötigt, um eine Strecke von zehn Metern zurückzulegen. Auf der IADL-Ebene prüfen wir anschließend die Fähigkeit des Patienten, einen definierten Geldbetrag korrekt zu zählen (siehe *Abb. 10*), zu telefonieren

Abb. 10: Zählen eines Geldbetrags.

Abb. 11: Durchführen eines Telefonats.

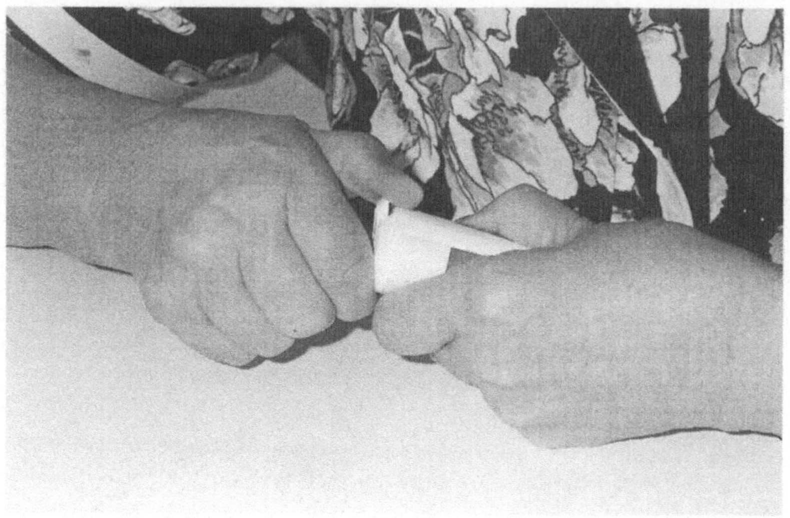

**Abb.12: Öffnen handelsüblicher Medikamentenver-
packungen.**

(siehe *Abb. 11*) und verschiedene Medikamentenverpackungen öffnen zu können (siehe *Abb.12*). Diese
Aufgaben werden von den Patienten meist gerne
mitgemacht.

Es folgt eine Prüfung der Handgriffstärke mit dem
Vigorimeter (siehe *Abb. 13*). Bei den im ADL-Index
weitgehend unabhängigen Patienten führen wir den
Manualtest nach Williams am Schlösserbrett durch. Bei
diesem Test wirken sich schon leichte Störungen der
Aufmerksamkeit oder des Gedächtnisses stark aus,
ebenso natürlich Paresen, Apraxien oder Arthrosen.
Dieser Test erfordert deshalb sehr rüstige Patienten
(siehe *Abb. 14*). Aus Handgriffstärke, Ergebnis beim
"Mini Mental State", Gehgeschwindigkeit und dem

Abb. 13: Messung der Unterarmkraft.

Abb. 14: Öffnen von haushaltsüblichen Schlössern.

Ergebnis am Schlösserbrett errechnen wir später den "Performance-Index" nach *Williams*. Diesen eher praktischen zweiten Teil unseres Assessments schließt die Überprüfung des Nah- und Fernvisus mit Sehtafeln nach Nieden ab. Eine Audiometrie zur Objektivierung von Gehörverlusten ergänzt das Programm (siehe *Abb. 15*).

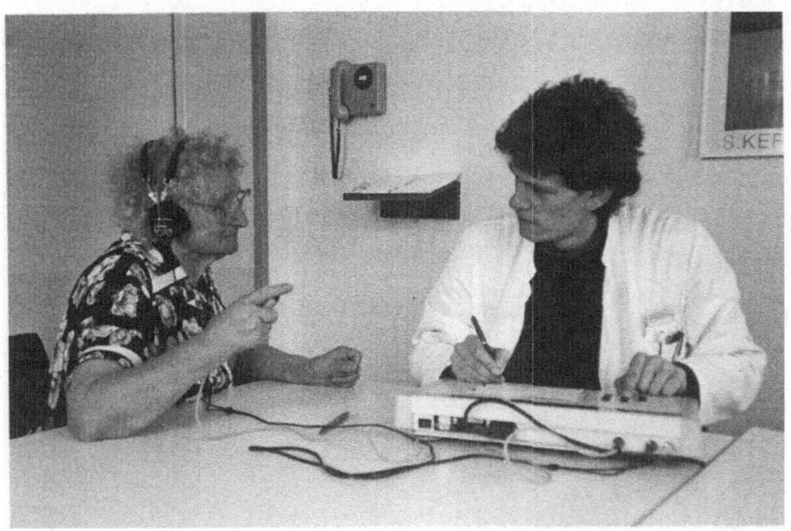

Abb. 15: Hörprüfung.

Ein Laborscreening auf korrigierbare Mangelzustände wie Schilddrüsendysfunktion, Osteomalacie, Hyperparathyreoidismus, Eisen-, Vitamin B-12- und Folsäuremangel, Elektrolyt- und Wasserhaushaltsstörungen sowie Malnutrition (siehe *Tab. 4*) und die Durchführung erforderlicher Zusatzuntersuchungen runden die Untersuchungen unseres geriatrischen Assessments ab (siehe *Abb. 16*). Eine Übersicht über das in unserem Haus im

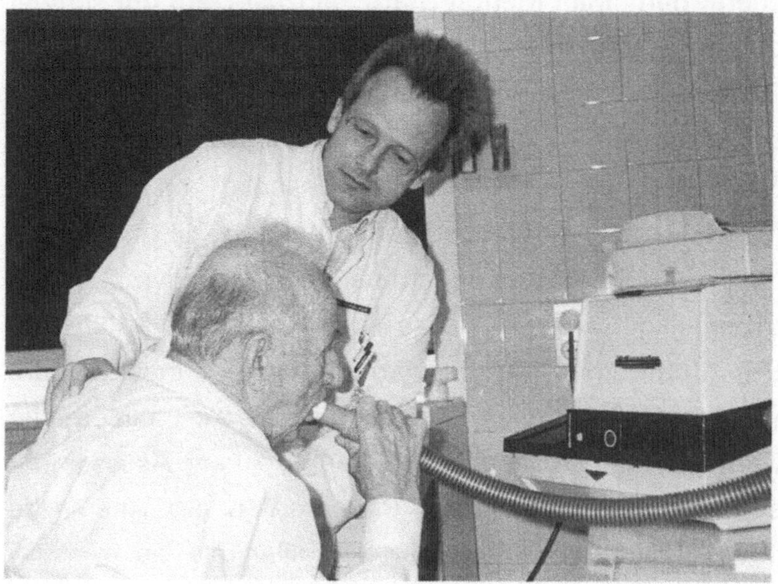

Abb. 16: Lungenfunktionsprüfung.

Rahmen des geriatrischen Assessments durchgeführte Programm zeigt *Tabelle 5*.

Die Erfahrung eines Jahres zeigt, daß dieses Programm bei rüstigen, kooperativen Patienten zügig und problemlos abgewickelt werden kann. Bei stark behinderten, kognitiv eingeschränkten oder weniger kooperativen Patienten kann das umfangreiche Assessment sehr mühsam für Untersucher und Untersuchten werden. In diesen Fällen ist es erforderlich, das Programm auf mehrere Tage zu verteilen.

Wir können keine allgemein gültige Empfehlung geben, in welcher Reihenfolge die einzelnen Tests durchgeführt werden sollten. Oft ist es wünschenswert, zuerst den "Mini Mental State" einzusetzen, um schwer demente Patienten auszuschließen und bei leicht Dementen die Verläßlichkeit der Angaben besser einschätzen zu können. Kognitiv eingeschränkte ältere Menschen, die um eine gute "Fassade" bemüht sind, reagieren jedoch gelegentlich unwirsch, wenn bei der "Mini Mental State Examination" kognitive Defizite offengelegt werden. Dies kann dann die weitere Durchführung des Assessments unmöglich machen oder zumindest erschweren. Gerade Patienten mit milder Demenz können aber vom geriatrischen Assessment sehr profitieren, da diese Patienten in der Anamnese ihre Fähigkeiten viel besser darstellen als sie in Wirklichkeit sind und viele Defizite bei einer "normalen" Anamnese und körperlichen Untersuchung gar nicht erkannt werden. Die Befragung zur Selbsthilfefähigkeit ist deshalb oft der einfachere Einstieg, auf diesem Wege entsteht meist eine gute Beziehung zum Patienten. Mit etwas Erfahrung kann man sich auch dabei schon einen orientierenden Eindruck von der kognitiven Situation des Patienten verschaffen.

Die Durchführung eines so umfangreichen Programms muß in jedem Einzelfall modifiziert erfolgen. Immer aber ist viel Fingerspitzengefühl erforderlich.

Tabelle 5: Das "Bethanien Assessment Programm".

Strukturierte Anamnese

- physische Gesundheit
- psychische Gesundheit
- soziale Gesundheit
- ökonomischer Status

Körperliche Untersuchung

Funktionstests und Befragungen

- Selbsthilfefähigkeit

  - ADL-Index nach Barthel
  - IADL-Index nach Lawton
  - Telefonieren
  - Geld zählen
  - Öffnen von Medikamentenverpackungen

- Motilität

  - Motilitätstest nach Tinetti
  - Gehgeschwindigkeit

- Manuelle Fähigkeiten

  - Manualtest nach Williams
  - Handgriffstärke
  - "Perfomance-Index" nach Williams

- Demenz

  - "Mini Mental State Examination" nach
    Folstein

- Depression

  - "Geriatric Depression Scale" nach
    Yesavage

- Visus

  - Sehtest nach Nieden

- Gehör

  - Audiometrie

Zusatzuntersuchungen

- Laborscreening
- Weiterführende Diagnostik

6 Zukünftige Forschung

Patientenauswahl

Da die Durchführung des Assessments und die entsprechenden Folgemaßnahmen sehr kostenintensiv, zeit- und personalaufwendig sind, sollte die Assessment-Methodik auf die Gruppen alter, gebrechlicher Menschen beschränkt werden, die viel vom Assessment profitieren können. Es leuchtet ein, daß sowohl rüstige alte Leute als auch schwerkranke Patienten im Terminalstadium einer Erkrankung wenig vom Assessment haben. Dazwischen gibt es jedoch eine große Zahl von Patienten mit unterschiedlichen Krankheitskombinationen und variabler Ausprägung der einzelnen Krankheiten, bei denen der Nachweis eines Nutzen durch die Assessmentmethodik noch erbracht werden muß. Dabei müssen auch unterschiedliche Rahmenbedingungen (stationär, teilstationär, ambulant in der Hausarztpraxis oder bei Hausbesuchen, in Alten- und Pflegeheimen) berücksichtigt werden. Gelingt es die Patientengruppen genauer einzugrenzen und Kriterien zur Patientenauswahl aufzustellen, können Screening-Methoden entwickelt werden, um diese Zielgruppen in der betagten Bevölkerung besser erkennen zu können.

Prognostische Wertigkeit

Um die umfangreiche Untersuchung auf das Wesentliche beschränken zu können, ist es notwendig, diejenigen Assessment-Instrumente herauszufiltern, die bei bestimmten Funktionseinbußen eine hohe prognostische Aussagekraft haben [9].

Neue, einfach durchzuführende Untersuchungen müssen für bestimmte Behinderungen entwickelt und auf ihre prognostische Wertigkeit hin überprüft werden. Bisher erweist sich in den meisten Fällen die subjektive Beurteilung durch die Therapeuten oder den Patienten selbst als besserer Verlaufsparameter verglichen mit Meßergebnisse einzelner Untersuchungen im Rahmen des Assessments [8].

Sind die bisherigen Assessment-Programme darauf ausgelegt Funktionsdefizite zu erfassen, sollte in Zukunft mehr Wert auf die Entwicklung von Meßinstrumenten gelegt werden, die Rückschlüsse auf die noch vorhandenen Ressourcen des Patienten zulassen.

Rahmenbedingungen

Es sind ferner Studien notwendig zur Wirksamkeit des stationären Assessment in Verbindung mit unterschiedlicher ambulanter Weiterversorgung (Übergangsbetreuung durch das Assessment-Team nach Krankenhausentlassung, Assessment-Empfehlungen und herkömmliche Behandlung, Klinikkonferenz mit Hausarzt und ambulanten Diensten vor Entlassung). Der Behandlungskontinuität nach Krankenhausentlassung kommt große Bedeutung für länger anhaltende Therapieerfolge zu. Einige Autoren klagen über unzureichende ambulante Versorgungseinrichtungen, in denen die erforderlichen Behandlungsmaßnahmen nicht umgesetzt werden können [2,5]. In einer anderen Studie [6] wird die unzureichende Vernetzung der Krankenhausbehandlung mit der weiteren ambulanten Betreuung für häufige Rehospitalisierungen verantwortlich gemacht. Die enge Verknüpfung der stationären mit der ambulanten Behandlung ist ein Hauptanliegen der Amerikanischen Gesellschaft für Geriatrie bei der Entwicklung neuer Versorgungsmodelle [4].

Erfolgsparameter

Zur besseren Vergleichbarkeit zukünftiger Forschungsvorhaben wurde von der Amerikanischen Gesellschaft für Geriatrie eine Vereinheitlichung der Meßparameter vorgeschlagen [4,7]. Es wird empfohlen, den Erfolg des Assessments an folgenden Kriterien zu überprüfen: Mortalität, Lebensqualität, Selbsthilfefähigkeit, Belastungen der Pflegenden sowie Kosten.

Andere Fragestellungen wie Diagnostik, Medikamentenverordnung, Rehospitalisierung oder Alten-/Pflegeheimeinweisung werden ebenfalls als wichtig erachtet, gehen aber teilweise in die erstgenannten Erfolgskriterien mit ein [3].

Einen Überblick über empfehlenswerte Meßparameter gibt die *Tabelle 6*.

In zukünftigen Studien ist auf eine exakte Beschreibung der Studienpopulation und des Studienaufbaus Wert zu legen [1]. Die Verwendung von standardisierten, international gebräuchlichen Untersuchungsmethoden erleichtert die Vergleichbarkeit und ermöglicht Meta-analysen. Anhand von gepoolten Daten lassen sich bestimmte Fragestellungen statistisch bearbeiten, die in einzelnen Untersuchungen aufgrund geringer Fallzahlen nicht beantwortet werden können. So lassen sich auch geringe Unterschiede zwischen Kontroll- und Interventionsgruppen erkennen und daraus möglicherweise klinisch relevante Schlußfolgerungen ableiten [7].

Tabelle 6: Empfehlenswerte Meßparameter.

Physischer Status	
Lebenserwartung	Überleben (in Tagen)
	Lebenstage zu Hause
	Lebenstage im Alten/Pflegeheim
Todesursache	
Gesundheitseinschätzung	Skala von 1 bis 5
(durch den Patienten)	(ausgezeichnet bis schlecht)
Funktion	
a. Bewältigung des All-	ADL (z.B. nach Barthel)
tags (Befragung)	IADL (z.B. nach Lawton)
b. Geschicklichkeit,	z.B. Performancetest nach
Mobilität und	Williams, Motilitätstest nach
Kraft (Messung)	Tinetti, Handgrip
Hören	
Sehen	
Anzahl von Stürzen	
Schmerzen	Skala von 1 bis 5
	(keine bis unerträglich)
Psychischer Status	
Kognitive Funktion	Mentaltest z.B. nach Folstein
Gemütszustand	Depressionstest z.B. nach Zung
	oder Yesavage

Sozioökonomischer Status

Kontakte und Bindungen

Aktivitäten und Interessen

Wohnsituation

Finanzielle Verhältnisse

Probleme und Belastungen

der Pflegenden

Befragung durch Interviewer

(bisher keine validierten Tests)

Literatur

1 Einleitung

1. Adams G (1964) Clinical undertaking? Lancet I:1055-1058.

2. Anderson F, Cowan N (1955) A consultative health centre for older people. Lancet II:239-240.

3. Brocklehurst J (1964) The work of a geriatric day hospital. Geront.Clin. 6:151-166.

4. Brocklehurst J (ed) (1975) Geriatric care in advanced societies. University Park Press, Baltimore.

5. Exton-Smith A (1962) Progressive patient care in geriatrics. Lancet I:260-262.

6. Gilgen R, Six P (1989) Premières expériences avec une unité d'évaluation à l'Hôpital de gériatrie de Zurich. Méd.et Hyg. 47:3434-3441.

7. Matthews D (1984) Dr. Marjory Warren and the origin of british geriatrics. J.Am.Geriatr.Soc. 32:253-258.

8. Nikolaus T (1992) Demographische Entwicklung. In: Kruse W, Nikolaus T (Hrsg) Geriatrie. Springer, Berlin Heidelberg New York Tokyo.

9. Nikolaus T (1992) Der geriatrische Patient. In: Kruse W, Nikolaus T (Hrsg) Geriatrie. Springer, Berlin Heidelberg New York Tokyo.

10. Warren M (1943) A case for treating chronic sick in blocks in a general hospital. Br.med.J. I:822-823.

11. Warren M (1946) Care of the chronic aged sick. Lancet I:841-843.

2 Rahmenbedingungen

1. Allen CM, Becker PM, Mc Vey RN et al. (1986) A randomized, controlled clinical trial of a geriatric consultation team: Compliance with recommendations. JAMA 255:2617-2621.

2. Applegate W, Deyo R, Kramer A, Meehan S (1991) Geriatric evaluation and management: Current status and future research directions. J.Am.Geriatr.Soc. 39S:2-7.

3. Applegate WB, Miller ST, Graney MJ et al. (1990) A randomized controlled trial of a geriatric assessment unit in a community rehabilitation hospital. N.Engl.J.Med. 322:1572-1578.

4. Barker W, Williams T, Zimmer J et al. (1985) Geriatric consultation teams in acute hospitals: Impact on back-up of elderly patients. J.Am.Geriatr.Soc. 33:422-428.

5. Becker PM, Mc Vey RN, Saltz C et al. (1987) Hospital-acquired complications in a randomized controlled clinical trial of a geriatric consultation team. JAMA 257:2313-2317.

6. Blumenfield S, Morris J, Sherman FT (1982) The geriatric team in the acute care hospital: An eductional and consultation modality. J.Am.Geriatr.Soc. 30:660-664.

7. Branch LG, Jette AM (1982) A prospective study of long-term care institutionalization among the aged. Am.J.Pub.Health 72:1373-1379.

8. Burley LE, Currie CT, Smith RG et al. (1979) Contribution from geriatric medicine within acute medical wards. Br.Med.J. 2:90-92.

9. Donaldson LJ, Clayton DG, Clarke M (1980) The elderly in residential care: Morality in relation to functional capacity. J.Epidemiol.Community Health 34:96-101.

10. Epstein AM, Hall JA, Fretwell M et al. (1990) Consultative geriatric assessment for ambulatory patients: A randomized trial in a health maintanance organization. JAMA 263:538-544.

11. Gayton D, Wood-Dauphinee S, de Lorimer M et al. (1987) Trial of a geriatric consultation team in an acute care hospital. J.Am.Geriatr.Soc. 35:726-736.

12. Hendriksen C, Lund E, Stromgård E (1984) Consequences of assessment and intervention among elderly people: A three year randomized controlled trial. Br.Med.J. 289:1522-1524.

13. Hogan DB, Fox RA (1990) A prospective controlled trial of a geriatric consultation team in an acute-care hospital. Age Aging 19:107-113.

14. Hogan DB, Fox RA, Badley BW et al. (1987) Effect of a geriatric consultation service on management of patients in an acute care hospital. Can.Med.Assoc.J. 136:713-717.

15. Kane RA, Kane RL (1987) Long-term care principles, programs and policies. Springer, Berlin Heidelberg New York Tokyo.

16. Lefton E, Bonstelle S, Frengley JD (1983) Success with an inpatient geriatric unit: A controlled study Of outcome and follow-up. J.Am.Geriatr.Soc. 31:149-155.

17. Lowther CP, Mac Leod RD, Williamson J (1970) Evaluation of early diagnostic services for the elderly, Br.Med.J. 3:275-277.

18. Mc Vey RN, Becker PM, Saltz C et al. (1989) Effect of a geriatric consultation team on functional status of elderly hospitalized patients. Ann.Intern.Med. 110:79-84.

19. Narain P, Rubenstein LZ, Wieland D et al. (1988) Predictors of immediate and 6 month outcomes in hospitalized patients: The importance of functional status. J.Am.Geriatr.Soc. 36:775-783.

20. Popplewell PY, Henschke PJ (1983) What is the value of a geriatric assessmentunit in a teaching hospital? A comparative study. Australian Health Review 6:23-25.

21. Rubenstein LZ, Stuck A, Siu A, Wieland D (1991) Impacts of geriatric evaluation and management programs on defined outcomes: Overview of the evidence. J.Am.Geriatr.Soc. 39S:8-16.

22. Rubenstein LZ (1987) Documenting impacts of geriatric consultation. J.Am.Geriatr.Soc. 35:829-830.

23. Rubenstein LZ, Josephson KR, Wieland GD et al. (1984) Effectiveness of a geriatric evaluation unit: A randomized clinical trial. N.Engl.J.Med. 311:1664-1670.

24. Schuman JE, Beattie EJ, Steed DA et al. (1978) The impact of a new geriatric program in a hospital for the chronically ill. Can.Med.Assoc.J. 118:639-645.

25. Teasdale T, Schuman L, Snow E et al. (1983) A comparison of placement outcomes of geriatric cohorts receiving care in a geriatric assessment unit on general medicine floors. J.Am.Geriatr.Soc. 31:529-534.

26. Tulloch AJ, Moore V (1979) A randomized controlled trial of geriatric screening and surveillance in general practice. J.R.Coll.Gen.Pract. 29:733-742.

27. Vetter NJ, Jones DA, Victor CR (1984) Effect of health visitors working with elderly patients in general practice: A randomized controlled trial. Br.Med.J. 288:369-372.

28. Weissert WG (1985) Estimating the long-term care population: Prevalence rates and selected characteristics. Health Care Financ.Rev. 6:83-91.

29. Welz R et al (1989) Zitiert nach: Häfner H in: Ergebniszusammenfassung der Expertenanhörung zur geriatrischen Versorgung am 7.7.1989 durch das Ministerium für Arbeit, Gesundheit, Familie und Sozialordnung Baden-Württemberg.

30. Winograd CH, Gerety MB, Brown E et al. (1988) Targeting the hospitalized elderly for geriatric consultation. J.Am.Geriatr.Soc. 36:1113-1119.

31. Zook C, Moore F (1980) High-cost users of medical care. N.Engl.J.Med. 302:996-1002.

3 Bisherige Erkenntnisse über den Nutzen des Assessments

1. Allen CM, Becker PM, Mc Vey RN et al. (1986) A randomized, controlled clinical trial of a geriatric consultation team. JAMA 255:2617-2621.

2. Applegate WB, Deyo R, Kramer A, Meehan S (1991) Geriatric Evaluation and Management: Current status and future research directions. J.Am.Geriatr.Soc. SUP 39:2-7.

3. Applegate WB, Akins D, Vander Zwaag R (1983) A geriatric rehabilitation and assessment unit in a community hospital. J.Am.Geriatr.Soc. 31:206-210.

4. Applegate WB, Miller S, Graney M et al. (1990) A randomized, controlled trial of a geriatric assessment unit in a community rehabilitation hospital. N.Engl.J.Med. 322:1572-1578.

5. Barker WH, Williams TF, Zimmer JG et al. (1985) Geriatric consultation teams in acute hospitals: Impact on back-up of elderly patients. J.Am.Geriatr.Soc. 33:422-428.

6. Bayne JR, Caygill J (1977): Identifying needs and services for the aged. J.Am.Geriatr.Soc. 25:264-268.

7. Becker PM, Mc Vey RN, Saltz C et al. (1987) Hospital acquired complications in a randomized controlled clinical trial of a geriatric consultation team. JAMA 257:2313-2317.

8. Brocklehurst JC, Carty MH, Leeming JT et al. (1978) Medical screening of old people accepted for residential care. Lancet II:141.

9. Brocklehurst JC, ed. (1975) Geriatric Care in advanced societies. Baltimore: University Park Press 5-42.

10. Burley LE, Currie CT, Smith RG et al. (1979) Contribution from geriatric medicine within acute medical wards. Br.Med.J. 263:90-92.

11. Epstein AM, Hall JA, Fretwell M et al. (1990) Consultative geriatric assessment for ambulatory patients: A randomized trial in a health maintenance organisation. JAMA 263:538-544.

12. Feussner J (1991) Geriatric evaluation and management units: Experimental methods for evaluating efficacy. J.Am.Geriatr.Soc. SUP 39:19-24.

13. Gayton D, Wood-Dauphine S, de Lorimer M et al. (1987) Trial of a geriatric consultation team in an acute care hospital. J.Am.Geriatr.Soc. 35:726-736.

14. Gilchrist WJ, Newman R, Hamblen D, Williams B (1988) Prospective randomised study of an orthopaedic geriatric inpatient service. Br.Med.J. 297:1116-1118.

15. Hedrick S, Barrand N, Deyo R et al. (1991) Working group recommen-dations: Measuring outcomes of care in geriatric evaluation and management units. J.Am.Geriatr.Soc. SUP 39:48-52.

16. Hendriksen C, Lund E, Stromgard E (1984) Consequences of assessment and intervention among elderly people: Three-year randomized controlled trial. Br.Med.J. 289:1522-1524.

17. Hogan DB, Fox RA, Badley BWD et al. (1987) Effect of a geriatric consultation service on management of patients in an acute care hospital. Can.Med.Assoc.J. 136:713-717.

18. Hogan DB, Fox RA (1990) A prospective controlled trial of a geriatric consultation team in an acute-care hospital. Age and Aging 19:107-113.

19. Katz PR, Dube DH, Calkins E (1985) Use of a structured functional assessment format in a geriatric consultation service. J.Am.Geriatr.Soc. 33:681-686.

20. Kennie D, Reid J, Richardson I et al. (1988) Effectiveness of geriatric rehabilitative care after fractures of the proximal femur in elderly women: A randomised clinical trial. Br.Med.J. 297:1083-1086.

21. Kramer A, Deyo R, Applegate W, Meehan S (1991) Research strategies for geriatric evaluation and management: Conference summary and recommendations. J.Am.Geriatr.Soc. SUP 39:53-57.

22. Lefton E, Bonstelle S, Frengley D (1983) Success with an inpatient geriatric unit: A controlled study of outcome and follow-up. J.Am.Geriatr.Soc. 31:149-155.

23. Lowther CP, Mac Leod RDM, Williamson J (1970) Evaluation of early diagnostic services for the elderly. Br.Med.J. 3:275-277.

24. Matthews D (1984) Dr. Marjory Warren and the origin of british geriatrics. J.Am.Geriatr.Soc. 32:253-258.

25. Mc Vey RN, Becker PM, Saltz C et al. (1989) Effect of a geriatric consultation team on functional status of elderly hospitalized patients. Ann.Intern.Med 110:79-84.

26. Nikolaus T. (1992) Das geriatrische Assessment. Bisherige Erkenntnisse und zukünftige Forschung. Ger.Forschg. (in print).

27. Poliquin N, Straker M (1977) A clinical psychogeriatric unit: Organisation and function. J.Am.Geriatr.Soc. 25:132-137.

28. Popplewell PY, Henschke PJ (1983) What is the value of a geriatric assessment unit in a teaching hospital? A comparative study. Aust.Health Rev. 6:23-25.

29. Reid J, Kennie D (1989) Geriatric rehabilitative care after fractures of the proximal femur: One year follow-up of a randomised clinical trial. Br.Med.J. 299:25-26.

30. Reifler BV, Eisdorfer C (1980) A clinic for impaired elderly and their families. Am.J.Psychiatry 137:1399-1403.

31. Rubenstein LZ, Josephson KR, Wieland D et al. (1984) Effectivness of a geriatric evaluation unit. N.Engl.J.Med. 311:1664-1670.

32. Rubenstein LZ, Josephson KR, Wieland D et al. (1987) Geriatric assessment in a subacute hospital ward. Clin.Geriatr.Med. 3:131-143.

33. Rubenstein LZ, Stuck AE, Siu AL, Wieland D (1991) Impacts of geriatric evaluation and management programs on defined outcomes: Overview of the evidence. J.Am.Geriatr.Soc. SUP 39:8-16.

34. Saltz C, Mc Vey RN, Becker PM et al. (1988) Impact of a geriatric consultation team on discharge placement and repeat hospitalization. Gerontologist 28:344-350.

35. Sloane P (1980) Nursing home candidates: hospital inpatient trial to identify those appropriately assignable to less intensive care. J.Am.Geriatr.Soc. 28:511-514.

36. Teasdale T, Schuman L, Snow E, Luchi R (1983) A comparison of placement outcomes of geriatric cohorts receiving care in a geriatric assessment unit and on general medicine floors. J.Am.Geriatr.Soc. 31:529-534.

37. Tulloch AH, Moore V (1979) A randomized controlled trial of geriatric screening and surveillance in general practice. J.R.Coll.Gen.Pract. 23:733-742.

38. Vetter NJ, Jones DA, Victor CR (1984) Effects of health visitors working with elderly patients in general practice: A randomized controlled trial. Br.Med.J. 288:369-372.

39. Williams ME, Williams TF, Zimmer JG et al. (1987) How does the team approach to outpatient geriatric evaluation compare with traditional care: A report of a randomized controlled trial. J.Am.Geriatr.Soc. 35:1071-1078.

40. Williams TF, Hill JG, Fairbank ME et al. (1973) Appropriate placement of the chronically ill and aged: A sucessful approach by evaluation. JAMA 266:1332-1335.

41. Williamson J, Stokoe IH, Gray S et al. (1964) Old people at home: Their unreported needs. Lancet I:1117-1120.

42. Winograd C (1991) Targeting strategies: An overview of criteria and outcomes. J.Am.Geriatr.Soc. SUP 39:25-35.

4 Struktur und Inhalte des geriatrischen Assessments

1. Applegate WB, Blass LP, Williams TF (1990) Instruments for the functional assessment of elderly patients. N Engl J Med 322: 1207-1214

2. Applegate WB, Miller ST, Elam JT et al. (1987) Impact of cataract surgery with lens implantation on vision and physical function in elderly patients. JAMA 257: 1064-1066

3. Baker JP, Detsky AS, Wesson DE et al. (1982) Nutritional assessment: A comparison of clinical judgement and objective measurements. N Engl J Med 306: 969-972

4. Beck AT, Ward CH, Mendelson M et al. (1961) An inventory for measuringdepression. Arch Gen Psych 4: 561-571

5. Bergner M, Bobbit RA, Carter WB, Gilson B (1981) The sickness impact profile: development and final revision of a health status measurement. Med Care 19: 787-805

6. Berkman LF (1983) The assessment of social networks and social support in the elderly. J Am Geriatr Soc 31: 743-749

7. Berlinger WG, Potter JF (1988) Visual impairment as a predictor of cognitive decline. J Am Geriatr Soc 36: 577 (abstract)

8. Berlinger WG, Potter JF (1991) Low body mass index in demented outpatients. J Am Geriatr Soc 39: 973-978

9. Brocklehurst JC, Carty MH, Leeming JT et al. (1978) Medical screening of old people accepted for residential care. Lancet II: 141-143

10. Bruce DW, Gray CS: Beyond the cataract (1991) Visual and functional disability in elderly people. Age and Ageing 20: 389-391

11. Clarke M, Jagger C, Anderson J et al. (1991) The prevalence of dementia in a total population: A comparison of two screening instruments. Age and Ageing 20: 396-403

12. Coleman P (1984) Assessing self esteem and its sources in elderly people. Ageing Soc 4: 117-135

13. Cooper C, Barker DJP, Wickham C (1988) Physical activity, muscle strength and calcium intake in fracture of the proximal femur in Britain. Br Med J 297: 1443

14. Cumming RG, Miller JP, Kelsey JL et al. (1991) Medications and multiple falls in elderly people: The St. Louis OASIS study. Age and Ageing 20: 455-461

15. Diokno AC, Brock BM, Brown MB, Herzog AR (1986) Prevalence of urinary incontinence and other urological symptoms in the noninstitutionalized elderly. J Urol 136: 1022-1025

16. Downton JH, Andrews K (1991) Prevalence, characteristics and factors associated with falls among the elderly living at home. Aging 3: 219-228

17. Elam JT, Graney MJ, Applegate WB et al. (1988) Functional outcome one year following cataract surgery in elderly persons. J Gerontol 43: 122-126

18. Falconer J, Hughes SL, Naughton BJ et al. (1991) Self report and performance-based hand function tests as correlates of dependency in the elderly. J Am Geriatr Soc 39: 695-699

19. Feinstein AR, Josephy BR, Wells CK (1986) Scientific and clinical problems in indexes of functional disability. Ann Intern Med 105: 413-420

20. Fletcher AE, Dickinson EJ, Philp I (1992) Audit measures: quality of life instruments for everyday use with elderly patients. Age and Ageing 21: 142-150

21. Folstein MF, Folstein SE, McMugh PR (1975) "Mini Mental State": A practical method for grading the cognitive state of patients for the clinician. J Psychiatr Res 12: 189-198

22. Grauer H, Birnbaum F (1975) A Geriatric Functional Rating Scale to determine the need for institutional care. J Am Geriatr Soc 23: 472-476

23. Grisso JA, Kelsey JL, Strom BL et al. (1991) Risk factors for falls as a cause of hip fracture in women. N Engl J Med 324: 1326-1331

24. Gurland BJ (1976) The comparative frequency of depression in various adult age groups. J Gerontol 31: 283-292

25. Gurland B, Golden RR, Tresi JA, Challop J (1984) The SHORT-CARE: An efficient instrument for the assessment of depression, dementia and disability. J Gerontol 39: 166-169

26. Gurland B, Kuriansky J, Sharpe L et al. (1977/78) CARE: Rationale, development, and reliability. Int J Aging Hum Dev 8: 9-42

27. Gustafson Y, Brännström B, Norberg A et al. (1991) Underdiagnosis and poor documentation of acute confusional states in elderly hip fracture patients. J Am Geriatr Soc 39: 760-765

28. Hamilton M (1967) Development of a rating scale for primary depressive illness. Br J Soc Clin Psychol 6: 278-296

29. Hautzinger M (1988) Die CES-D Skala. Ein Depressionsmeß-instrument für Untersuchungen in der Allgemeinbevölkerung. Diagnostica 2: 167-173

30. Herbst KG, Huphrey C (1980) Hearing impairment and mental state in the elderly living at home. Br Med J 281: 903-905

31. Hughes SL, Edelman P, Chang RW et al. (1991) The GERI-AIMS scales for the elderly: Reliability and validity. Arthritis and Rheum: in press

32. Hunt SM, McEwan J, McKenna SP (1986) Measuring health status. Beckenham, Kent: Croom Helm

33. Jebsen RH, Taylor N, Trieschmann RB et al. (1969) An objective and standardized test of hand function. Arch Phys Med Rehabil 50: 311-319

34. Jette AM, Brauch LG (1981) The Framingham Disability Study. II. Physical disability among the aging. Am J Public Health 71: 1211-1216

35. Kane RA (1987) Assessing social function in the elderly. Clin Geriatr Med 3: 87-98

36. Katz S, Ford AB, Moskowitz RW et al. (1963) Studies of illness in the aged. The index of ADL: a standardized measure of biological and psychosocial function. JAMA 185: 914-919

37. Kini MM, Leibowitz HM, Colton T et al. (1978) Prevalence of senile cataract, diabetic retinopathy, senile macular degeneration and open angle glaucoma in the Framingham Eye Study. Am J Ophthalmol 85: 28-33

38. Kruiansky J, Gurland B (1976) The performance test of activities of daily living. Int J Aging Hum Dev 7: 343-352

39. Lachs MS, Feinstein AR, Cooney Jr. LM et al. (1990) A simple procedure for general screening for functional disability in elderly patients. Ann Intern Med 112: 699-706

40. Law MR, Wald NJ, Meade TW (1991) Strategies for prevention of osteoporosis and hip fracture. Br Med J 303: 453-459

41. Lawton MP, Brody EM (1969) Assessment of older people: self-maintaining and instrumental activities of daily living. Gerontologist 9: 179-186

42. Lawton MP, Moss M, Fulcomer M, Kleban MH (1982) A research and service oriented Multilevel Assessment Instrument. J Gerontol 37: 91-99

43. Lichtenstein MJ, Bess FH, Logan SA (1988) Validation of screening tools for identifying hearing-impaired elderly in primary care. JAMA 259: 2875-2878

44. Long CA, Holden R, Mulherrin E, Sykes D (1991) Opportunistic screening of visual acuity of elderly patients attending outpatient clinics. Age and Ageing 20: 392-395

45. Mahoney FI, Barthel DW (1965): Functional evaluation. The Barthel Index. Md State Med J 14/2: 61-65

46. Mathias S, Nayah USL, Isaacs B (1986) Balance in the elderly patient: The "Get-up and Go" test. Arch Phys Med Rehabil 67: 387

47. Montgomery GK, Reynolds MC, Warren RM (1985) Qualitative assessment of Parkinson's disease: Study of reliability and data reduction with an abbreviated Columbia Scale. Clin Neuropharm 8: 83-92

48. Mossey JM, Shapiro E (1982) Self rated health: a predictor of mortality among the elderly. Am J Public Health 72: 800-808

49. Morris C, Heyman A, Mohs RC et al. (1989) The Consortium to Establish a Registry for Alzheimer's Disease (CERAD). Part 1. Clinical and neuropsychological assessment of Alzheimer's Disease. Neurology 39: 1159-1165

50. Older Americans Resources and Services Methodology (OARS) multidimensional functional assessment. Durham, N.C.: Duke University Center for the study of aging, 1978

51. Ormel J, Giel R (1990) Medical effects of nonrecognition of affective disorders in primary care. In: Sartorius N, Goldberg D, de Girolamo G et al. (Editors): Psychological disorders in general medical settings. Toronto: Hogrefe and Huber Publishers.

52. Pattie AH, Gilleard CJ (1979) Manual of the Clifton Assessment Procedures for the Elderly (CAPE). Sevenoaks, Kent: Hodder and Stoughton Educational.

53. Pearlman RA, Jonsen A (1985) The use of quality of life considerations in medical decision making. J Am Geriatr Soc 33: 344-357

54. Pfeiffer E (1975) A short portable mental status questionnaire for the assessment of organic brain deficit in elderly patients. J Am Geriatr Soc 23: 433-441

55. Phillips P (1986) Grip strength, mental performance and nutritional status as indicators of mortality risk among female geriatric patients. Age and Ageing 15: 53-56

56. Pierron RL, Perry HM, Grossberg G et al. (1990) The aging hip. St. Louis University geriatric grand rounds. J Am Geriatr Soc 38: 1339-1352

57. Pinchcofsy-Devin GD, Kaminski Jr. MV (1986) Correlation of pressure sores and nutritional status. J Am Geriatr Soc 34: 435-440

58. Pinholt EM, Kroenke K, Hanley JF et al. (1987) Functional assessment of the elderly. A comparison of standard instruments with clinical judgement. Arch Intern Med 147: 484-488

59. Podsiadlo D, Richardson S (1991) The Timed "Up and Go": A test of basic functional mobility for frail elderly persons. J Am Geriatr Soc 39: 142-148

60. Powell-Lawton M (1975) The Philadelphia Geriatric Center Morale Scale: a revision. J Gerontol 30: 85-89

61. Radloff LS (1977) The CES-D Scale. Appl Psychol Meas 1: 385-401

62. Rapp SR, Parisi SA, Walsh DA, Wallace CE (1988) Detecting depression in elderly medical inpatients. J Consult Clin Psychol 56: 509-513

63. Reding M, Haycox J, Blass J (1985) Depression in patients referred to a dementia clinic: A three-year prospective study. Arch Neurol 42: 894-896

64. Reitan RM (1955) An investigation of the validity of Halstead's measures of biological intelligence. Arch Neurol Psychiatr 73: 28-35

65. Robbins LJ, Jahnigen DW (1984) Child-resistant packaging and the geriatric patient. J Am Geriatr Soc 32: 450-452

66. Robinett CS, Vondron MA (1988) Functional ambulation velocity and distance requirements in rural and urban communities. Phys Ther 68: 1371

67. Roth M, Huppert FA, Tym E et al. (1988) The Cambridge examination for mental disorders of the elderly. Cambridge: Cambridge University Press.

68. Rubenstein LZ, Schairer C, Wieland GD, Kane R (1984) Systematic biases in functional status assessment of elderly adults: Effects of different data sources. J Gerontol 39: 686-691

69. Scandinavian Stroke Study Group (1985) Multicenter trial of hemodilution in ischemic stroke - background and study protocol. Stroke 16: 885-890

70. Schoening HA, Anderegg L, Bergstrom D et al. (1965) Numerical scoring of a self-care status of patients. Arch Phys Med Rehabil 46: 689-697

71. Schwartz GE (1983) Development and validation of geriatric evaluation by relatives rating instrument (GERRI). Psychol Rep 53: 479

72. Sheikh JI, Yesavage JA: Geriatric Depression Scale (GDS): Recent evidence and development of a shorter version. In: Brink TL (Editor). Clinical Gerontology: A Guide to Assessment and Intervention. New York: The Haworth Press, 1986: 165-173

73. Shibata H, Haga H, Ueno M et al. (1991) Longitudinal changes of serum albumin in elderly people living in the community. Age and Ageing 20: 417-420

74. Six P (1988) Medizinische Beurteilung des älteren Menschen. Med Gen Helv 8/4: 20-27

75. Spector WD, Katz S, Murphy JB, Fulton JP (1987) The hierarchical relationship between Activities of Daily Living and Instrumental Activities of Daily Living. J Chron Dis 40: 481-489

76. Spiegel R, Brunner C, Ermini-Fünfschilling D et al. (1991) A new behavioral assessment scale for geriatric out- and in-patients: The NOSGER (Nurse's Observation Scale for Geriatric Patients). J Am Geriatr Soc 39: 339-347

77. Tinetti ME (1986) Performance-oriented assessment of mobility problems in elderly patients. J Am Geriatr Soc 34: 119-126

78. Tinetti ME, Ginter SF (1988) Identifying mobility disfunctions in elderly patients. Standard neuromuscular examination or direct assessment? JAMA 259:1190-1193

79. Tinetti ME, Speechley M, Ginter SF (1988) Risk factors for falls among elderly persons living in the community. N Engl J Med 319:1701-1707

80. Uhlmann RF, Larson EB (1991) Effect of education on the "Mini-Mental State Examination" as a screening test for dementia. J Am Geriatr Soc 39: 876-880

81. Vitaliano PP, Breen AR, Russo J et al. (1984) The clinical utility of the Dementia Rating Scale for assessing Alzheimer patients. J Chron Dis 37: 743-753

82. Volkert D, Frauenrath C, Kruse W et al. (1989) Vitaminmangel bei geriatrischen Patienten. Ernährungsumschau 36: 152 (abstract)

83. Waxman HM, Carner EA (1984) Physician's recognition, diagnosis and treatment of mental disorders in elderly medical patients. Gerontologist 24: 593-597

84. Wechsler D (1945) A standardized memory scale for clinical use. J Psychol 19: 87-95

85. Weinstein BE, Ventry JM (1982) Hearing impairment and social isolation in the elderly. J Speech Hear Res 25: 593-599

86. Weyerer S, Geiger-Kabisch C, Kröper C et al. (1990) Die Erfassung von Demenz und Depression mit Hilfe des "Brief-Assessment-Interviews" (BAI): Ergebnisse einer Reliabilitäts- und Validitätsstudie bei Altenheimbewohnern in Mannheim. Z Gerontol 23: 205-210

87. Williams ME, Hadler NM, Earp JAL (1982) Manual ability as a marker of dependency in geriatric women. J Chron Dis 35: 115-122

88. Williams ME, Hornberger JC (1984) A quantitative method of identifying older persons at risk for increasing long term care services. J Chron Dis 37: 705-711

89. Yesavage JA, Brink TL, Rose TL et al. (1983) Development and validation of a geriatric depression screening scale: A preliminary report. J Psychiatr Res 39: 37-49

90. Zung WWK (1965) A self-rating depression scale. Arch Gen Psychiatr 12: 63-70

6 Zukünftige Forschung

1. Feussner J (1991) Geriatric evaluation and management units: Experimental methods for evaluating efficacy. J.Am.Geriatr.Soc. SUP 39:19-24.

2. Gayton D, Wood-Dauphine S, de Lorimer M et al. (1987) Trial of a geriatric consultation team in an acute care hospital. J.Am.Geriatr.Soc. 35:726-736.

3. Hedrick S, Barrand N, Deyo R et al. (1991) Working group recommendations: Measuring outcomes of care in geriatric evaluation and management units. J.Am.Geriatr.Soc. SUP 39:48-52.

4. Kramer A, Deyo R, Applegate W, Meehan S (1991) Research strategies for geriatric evaluation and management: Conference summary and recommendations. J.Am.Geriatr.Soc. SUP 39:53-57.

5. Mc Vey RN, Becker PM, Saltz C et al. (1989) Effect of a geriatric consultation team on functional status of elderly hospitalized patients. Ann.Intern.Med 110:79-84.

6. Nikolaus T, Specht-Leible N, Kruse W, Oster P, Schlierf G (1992) Frühe Rehospitalisierung hochbetagter Patienten. Dtsch. med. Wschr. 117:403-407.

7. Rubenstein LZ, Stuck AE, Siu AL, Wieland D (1991) Impacts of geriatric evaluation and management programs on defined outcomes: Overview of the evidence. J.Am.Geriatr.Soc. SUP 39:8-16.

8. Victor C, Vetter N (1985) The early readmission of the elderly to hospital. Age and Ageing 14:37-42.

9. Winograd C (1991) Targeting strategies: An overview of criteria and outcomes. J.Am.Geriatr.Soc. SUP 39:25-35.

Sachverzeichnis

Sachverzeichnis